直排污水应急处理技术手册

刘　操　主编

中国环境出版社·北京

图书在版编目（CIP）数据

直排污水应急处理技术手册/刘操主编. —北京：中国
环境出版社，2015.4
ISBN 978-7-5111-2263-6

Ⅰ．①直…　Ⅱ．①刘…　Ⅲ．①污水处理—技术手册
Ⅳ．①X703-62

中国版本图书馆 CIP 数据核字（2015）第 037330 号

出 版 人　王新程
责任编辑　丁莞歆
责任校对　尹　芳
封面设计　岳　帅

出版发行　中国环境出版社
　　　　　（100062　北京市东城区广渠门内大街 16 号）
　　　　　网　　　址：http://www.cesp.com.cn
　　　　　电子邮箱：bjgl@cesp.com.cn
　　　　　联系电话：010-67112765（编辑管理部）
　　　　　　　　　　010-67175507（科技标准图书出版中心）
　　　　　发行热线：010-67125803，010-67113405（传真）
印　　刷　北京市联华印刷厂
经　　销　各地新华书店
版　　次　2015 年 4 月第 1 版
印　　次　2015 年 4 月第 1 次印刷
开　　本　880×1230　1/32
印　　张　3.5
字　　数　80 千字
定　　价　18.00 元

编 委 会

主　　编：刘　操

参编人员：马　宁　何　刚　许志兰

　　　　　王培京　胡秀琳

序

  近年来，北京市城市建设规模不断扩大、人口急剧增加、生活水平不断提高，致使水资源供需矛盾日益突出。此外，由于天然水资源极其有限，对河湖补给严重不足，进一步加剧了水污染的恶化趋势。

  目前，北京市的污水处理设施主要由两部分构成，首先是城市集中污水处理厂，负责处理城市生活污水和工业废水；其次是工业企业内部的污水处理设施，负责厂区内部工业废水的处理，使工业废水达到排放标准后排入市政污水管道，部分企业对处理后的污水进行了回收利用。相对于城市建设的快速发展和人口的不断增加，北京市城市污水处理厂及污水截流工程的建设十分滞后，而污水排放总量仍然在不断增加，甚至部分污水未经处理直接外排，严重污染了城市的河湖水体。水污染已经成为制约北京市经济发展、影响社会稳定、危及人体健康以及破坏生态平衡的一大问题。

  因此，发展污水应急治理的实用技术和方法是解决北京地区水环境污染、改善人民生活环境的重要举措之一。本书的编制目的就是基于北京地区污水处理设备的总体水平，因地制宜地提出污水应急处理技术及设备指导方案，并提出可行性建议，切实有效地推动和完善北京市污水处理与应急处置工作，提高北京地区污水处理技术和方法的利用率和规模经济效益。

王洪臣

2015 年 3 月

目　录

第1章 导 言

1.1 污水溢流概述

污水溢流可以分为合流制污水溢流和分流制污水溢流。

将生活污水、工业废水和雨水混合在同一套排水管网内排出的系统称为合流制排水系统。通常在水体沿岸增设截留干管，并在末端建立污水处理厂。晴天、初雨和小雨时，管网收集污水送往污水处理厂处理排放；随着雨量的增加，雨水径流相应增加，当来水流量超过截留干管的输送能力时，将出现溢流，部分混合雨水污水经过溢流井发生溢流，称为合流制污水溢流。北京每年 6 月至 9 月为汛期，合流制污水溢流情况不容忽视。

生活污水、工业废水和雨水分别采用污水管网和雨水管网收集。其中，生活污水、产业废水经污水网收集、输送至污水处理厂处理后排放至水体中；雨水经雨水管网收集后，直接或者通过雨水泵站提升排入水体中。分流制污水溢流通常与污水量的增长有关。近年来，随着北京市经济社会的快速发展、人口过快增长，致使现有污水处理设施能力不足，清河、小红门等污水处理厂超负荷运行，每天有 50 万～60 万 t 未经处理的污水直接排入河道，造成城乡结合部地区河湖环境呈下降趋势。

解决北京市污水溢流问题的最终途径还在于污水处理厂和排水管道的建设。至 2015 年，全市需新建再生水厂 47 座，升级改造污水处理厂 20 座，新增污水处理能力 228 万 m³/d。但在这之前，为减少污染物直接排放进入水体，减少对周围居民的困扰，需开展一些溢流应急控制工程，保障水环境质量。

1.2 污水溢流应急控制策略

针对北京市现有情况，污水溢流应急控制策略可以从以下两个方面开展：

（1）深度挖掘现有污水处理设施的处理能力

总体来说，调整现有污水处理厂要么改变工艺条件，要么改变物理单元的处理流程。控制工艺条件的属于运营调整，包括在初沉池投加化学药剂以强化沉淀过程和调整污泥回流比等措施。调整物理单元的处理流程包括对构筑物内部的改造。例如，需重新设计沉淀池内部构造，以提高其水力负荷。

强化单元过程：

- ◆ 沉淀池（初沉池和二沉池）；
- ◆ 活性污泥单元；
- ◆ 生物膜处理单元；
- ◆ 消毒单元。

优化工艺条件：

- ◆ 进水的分配和控制；
- ◆ 旁路控制；

◆ 自动化和远程控制。

（2）新建临时污水处理设施与技术

新建临时污水处理设施包括：

◆ 拼装式污水处理装置；

◆ 一体式污水处理设施；

◆ 化学强化一级处理技术；

◆ 过滤设施；

◆ 新型沉淀技术；

◆ 水力旋流器；

◆ 河道曝气技术；

◆ 除臭技术；

◆ 消毒技术。

第2章　厂内应急处理技术与措施

　　进入污水处理厂过大的流量可能会引起水力条件和污染负荷的突变，这对污水处理厂的正常运行不利。流量过大可能会破坏污水处理过程，导致污水处理厂向水体排放未处理或只部分处理的污水。强化已有污水处理设施可以在一定程度上满足现实所需的污水处理量。图 2-1 是一个典型的污水处理过程，本章先从各单元工艺强化技术进行介绍，再从整体上分析优化污水处理厂的运行条件，以达到处理超负荷污水的目的。

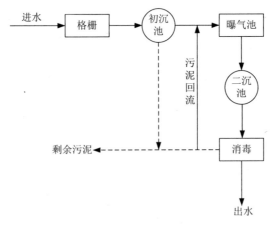

图 2-1　典型污水处理过程

2.1　强化单元过程

2.1.1　沉淀池

初沉池和二沉池都对生物二级处理单元的运行有着非常重要的影响。如无特别说明，以下讨论问题均包括初沉池和二沉池。

2.1.1.1　化学强化沉淀

化学强化可以增强初沉池和二沉池对悬浮物（SS）的去除。化学强化处理工艺利用物理或化学方法使污水中的悬浮物、胶体状物质和部分溶解性污染物（如磷、重金属物质）发生凝聚或化学沉淀，改变污染物质的沉降性能，进一步提高分离效果，从而达到改善出水水质的目的。目前，很多国外设备厂商根据混凝沉淀工艺原理，开发出成套高效沉淀装置。与其他工艺相比，化学强化处理工艺的主要优点有：水力负荷高、处理单元小、占地少；启动时间短；易于运行维护；出水水质良好。

（1）常用化学药剂

为使污水中胶体分散体系脱稳和凝聚而投加的各种药剂称为混凝剂。按在混凝过程中所起的作用又可进一步分为凝聚剂、絮凝剂和助凝剂。在实际生产过程中，很难将凝聚剂和絮凝剂截然分开，某些混凝剂，尤其是高分子聚合物，可同时起凝聚剂和絮凝剂的双重作用。常用的化学药剂有：

① 聚合氯化铝（PAC）

聚合氯化铝是应用最广泛的一种絮凝剂，它在常温下化学性能稳定，久储不变质。固体裸露易吸潮，但不变质，无毒无害，溶液为无色至黄褐色透明状液体。聚合氯化铝易溶于水并易发生水解，水解过程中伴随有电化学、凝聚、吸附、沉淀等物理化学现象。相对于硫酸铝而言，聚合氯化铝混凝效果随温度变化较小，形成絮体的速度较快，絮体颗粒和相对密度都较大，沉淀性能好，投加量较小。

聚合氯化铝适宜的 pH 值范围在 5～9，最佳处理范围在 6～8。聚合氯化铝处理水体适应力强，反应快、耗药少、制水成本低，矾花大，沉降快，滤性好，可提高设备利用率，但是聚合氯化铝过量投加一般不会出现胶体的再稳定现象。聚合氯化铝水溶液呈弱酸性，pH 值为 5.5～6.0，对设备的腐蚀性很小。

② 聚合硫酸铁

聚合硫酸铁为淡黄色无定型粉状固体，极易溶于水，水溶液随时间有浅黄色变成红棕色透明溶液。在产品的储存、使用过程中，聚合硫酸铁对设备基本无腐蚀作用。聚合硫酸铁投药量低，而且基本不用控制液体的 pH 值。与铝盐相比，聚合硫酸铁絮凝速度更快，形成的矾花大，沉降速度更快；另外，它还具有脱色，除重金属离子，降低水中 COD、BOD 浓度的作用，但是其出水容易显黄色。

③ 聚丙烯酰胺（PAM）

聚丙烯酰胺按离子特殊性分类，可分为阳离子型、阴离子型、非离子型和两性酰胺四种。阳离子酰胺主要用于水处理，阴离子酰胺主要用于造纸、水处理，两性酰胺主要用于污泥脱水处理。聚丙烯酰胺易溶于冷水，分子量对溶解度影响不大，但高分子量的酰胺浓度超过质量分数 10%以后，会形成凝胶状态。溶解温度超过 50℃，聚丙烯酰胺发生分子降解而失去助凝作用。因此溶解聚丙烯酰胺时用 45～50℃的温水最为适宜。配制聚丙烯酰胺溶液一般配成质量浓度为 0.05%～2%，阳离子酰胺黏度较小，可配制成浓度较大的溶液，阴离子酰胺黏度较大，可适当配制成浓度较小的溶液。配制溶液时不可浓度过大，否则不容易控制加药量，容易造成加药过量。当已经形成大块絮凝时，就不要再继续搅拌，否则会使已经形成的较大矾花被打碎，变成细小的絮凝体，影响沉降效果。

（2）混合设施

混合方式分为两大类：水力混合与机械混合。目前在污水处理领域中经常采用管道静态混合器或者机械混合。

管道静态混合器是水力混合的一种形式，其原理是在管道内设置多节按照一定角度交叉的固定叶片，水流和药剂通过混合器时产生分流、交叉混合和反向旋流作用，使药剂迅速均匀地扩散于水中，达到瞬间快速混合的目的，混合率可达 90%～95%，管道混合器管中流速一般为 1.0～1.5 m/s，水头损失为 0.3～0.4 m，图 2-2 是一种常用的静态混合器示意图。

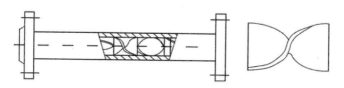

图 2-2　一种常用的静态混合器示意图

机械混合是建设机械混合池构筑物并在其中安装搅拌装置，通过电机驱动搅拌装置使药剂与污水混合的一种方式。搅拌装置可以采用桨板式、螺旋桨式、推进式等多种形式。桨板式结构简单，加工制造容易，但效能比推进式低；推进式则相反，效能较高，但制造较复杂。搅拌器一般采用立式安装，为避免与水流同步旋转而降低混合效果，可将搅拌器轴心适当偏离混合池中心。机械混合适用于流量变化较大的污水处理厂。

（3）絮凝设施

絮凝设施也分为水力和机械两类。水力絮凝设施是利用水流自身能量，通过流动过程中的阻力将能量传递给絮凝体，使其增加颗粒碰撞和吸附机会。水力絮凝设施主要包括隔板式絮凝池、旋流式絮凝池、涡流式絮凝池、折板式絮凝池、网格（栅条）式絮凝池。机械絮凝反应设施是通过电机带动桨板进行搅拌，使水流产生一定的速度梯度，并将能量传递给絮凝体，增加颗粒碰撞和吸附机会。

表 2-1 为不同形式絮凝池的比较。

表 2-1　不同形式絮凝池的比较

絮凝形式	搅拌作用来源	絮凝时间/min	搅拌强度控制因素	特点
隔板式絮凝池	水流动产生的阻力及拐弯处的搅拌作用	20～30	廊道内流速及拐弯数目	1. 构造简单，施工管理方便； 2. 容积较大，水头损失较大（为 0.2～0.5 m）； 3. 适用于规模大于 30 000 m^3/d、水量变动小的再生水厂
旋流式絮凝池	喷嘴射流的搅拌作用	8～15	喷嘴出口流速及池内水深与直径之比	1. 容积小，水头损失较小； 2. 池体较深，常与竖流沉淀池配合使用； 3. 适用于中小再生水厂
涡流式絮凝池	进水水流扩散的搅拌作用	6～10	底部入口处流速、上部圆柱部分上升流速、底部锥角	1. 絮凝时间短，容积小，造价较低； 2. 池体较深，常与竖流沉淀池或者澄清池配合使用； 3. 适用于中小再生水厂

絮凝形式	搅拌作用来源	絮凝时间/min	搅拌强度控制因素	特点
折板式絮凝池	水流在折板之间的曲折流动或者缩、放流动以及由此而形成的涡旋	12~20	折板安装方式、折板间距及折板夹角	1. 絮凝时间短，池体容积小，絮凝效果好； 2. 安装维修比隔板式困难，造价较高； 3. 适用于流量变化不大的再生水厂
网格（栅条）式絮凝池	水流经网格或者栅条时发生流速变化及由此产生的微涡旋	12~20	竖井流速、网格（栅条）布设层数、过网（栅）流速、竖井之间孔洞流速	1. 絮凝时间短，水头损失小，絮凝效果好； 2. 需要避免网格上滋生藻类、堵塞网眼现象； 3. 适用于流量变化不大的再生水厂
机械絮凝池	水流动能来源于搅拌机的功率输入	15~20	搅拌机的转速、桨板面积	1. 絮凝池池体结构简单，絮凝效果好，水头损失小； 2. 可根据水量、水质变化调节搅拌机转速，达到最佳絮凝效果； 3. 对水量变化适应性较强； 4. 机械设备需要保养和维修

（4）影响混凝效果的因素

影响混凝效果的因素比较复杂，其中主要由水质本身的复杂变化引起，其次还要受到所选混凝剂的类型、混凝过程中水力条件等因素的影响。

废水中的污染物在化学组成、带电性能、亲水性能、吸附性能等方面都可能不同，因此某一种混凝剂对不同废水的混凝效果可能相关很大。另外有机物对于水中的憎水胶体具有保护作用，因此对于高浓度有机废水采用混凝沉淀方法处理效果往往不好。

水温对混凝效果有明显影响，水温过高或者过低对混凝过程均不利，最适宜的混凝水温为 20～30℃。

一方面水的 pH 值直接影响水中胶体颗粒的表面电荷和电位，不同 pH 条件下胶体颗粒的表面电荷和电位不同，所需要的混凝剂量也不相同；另一方面，水的 pH 值对混凝剂的水解反应有显著影响，不同混凝剂进行水解反应需要的最佳 pH 值范围不同，见表 2-2。

表 2-2　不同混凝剂的最佳 pH 值

混凝剂	最佳 pH 值	
	除浊度	除色度
硫酸铝	6.5～7.5	4.5～5.5
三价铁盐	6.0～8.4	3.5～5.0
硫酸亚铁	>8.5	>8.5

混凝剂加入污水中后，发生水解反应，反应过程中需要消耗污水中的碱度，水中酸根离子增加。对于含氨氮浓度较高的污水，在硝化过程中，每氧化 1 kg NH_3^--N 需要消耗 7.2 kg 碱度（以 $CaCO_3$ 计），虽然反硝化过程中每还原 1 kg NO_3^--N 产生 3.57 kg 碱度（以 $CaCO_3$ 计），因此对于含氨氮浓度较高的污水需要考虑二级出水中的碱度是否能够满足混凝的需要，如果碱度不足，可以考虑投加石灰等碱性物质来改善混凝效果。

水力条件对混凝效果有显著影响。水力条件主要包括水力强度和作用时间两方面的因素。混凝过程可以分为快速混合与絮凝反应两个阶段。通常快速混合阶段要使投入的混凝剂迅速均匀地分散到原水中，这样混凝剂能均匀地在水中水解聚合并使胶体颗粒脱稳凝聚，快速混合要求有快速而剧烈的水力或机械搅拌作用，而且要在几秒到 1 min 内完成，最多不超过 2 min。快速混合完成后，进入絮凝反应阶段，已经脱稳的胶体颗粒通过异向絮凝和同向絮凝的方式逐渐增大成具有良好沉降性能的絮凝体，因此絮凝反应阶段搅拌强度和水流速度应随着絮凝体的增大而逐渐降低。混凝反应后需要絮凝体增长到足够大的颗粒尺寸通过沉淀去除，需要保证一定的作用时间，如果混凝反应后是采用气浮或者直接过滤的工艺，则反应时间可以大大缩短。

2.1.1.2　增设挡板

挡板常用于中断或分散异重流。异重流以较高的速度将悬浮固体带出溢流堰，降低出水水质。异重流的出现也被称为短路，在平流沉淀池和辐流沉淀池中都有此现象的发生，且常在流量高峰期出现。染料测试可以用于确定异重流的存在，并用于确定挡板的最佳设置。

挡板可以是任意大小和多种方式的配置，例如放置在沉淀池的顶部、中部或底部，设置一个板或多个有间隙的板。挡板可以选择多种材质，包括木质、玻璃、塑料和金属挡板。在平流沉淀池中，挡板可以很薄，垂直放置在沉淀池的壁上。挡板可以跨越到沉淀池壁上整个宽度和一定的深度。在辐流式沉淀池中，挡板通常以 45°～60°的角度沿着沉淀池的周边放置，但它们也可以垂直于壁放置。

延长溢流堰可以降低水量较大时污泥的损失。对平流沉淀池来说，可以增设额外的横向堰槽；对辐流沉淀池来说，即使是在洪峰流量时期，其溢流堰长度一般足够。

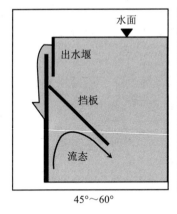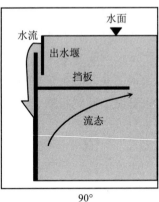

图 2-3　挡板位置示意图

2.1.2　活性污泥单元

在洪峰时期，在活性污泥系统中保持一定的污泥浓度相较于可能引起污泥流失的正常流程来说更为重要。运营者应尽最大努力维持混合液悬浮固体（MLSS）以确保足够的处理。混合液悬浮固体最主要是表征通过控制系统中的总污泥量。尽管污泥量的长期改变需要通过调整排泥量，但短期的调整仅需调节污泥回流比即可。将生物处理单元调整到多点进水或吸附再生法也是极为有效的。

2.1.2.1　调整污泥回流比

控制污泥的回流速率可以控制污泥量和曝气池中污泥的停留时间。二沉池底部的部分污泥又回流到曝气池中，如图 2-4 所示。因为污泥中包含微生物维持整个生物处理过程，因此污泥回流非常重要。要注意的是，污泥回流速率须根据特定的进水条件、污泥沉降性能和污泥量等进行调整。理解什么时候应该增加或减少回流量可以使进水流量较大时期的二级处理能力最大化并提高出水水质。

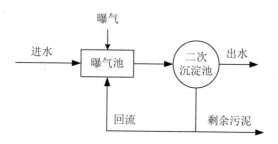

图 2-4　活性污泥法

2.1.2.2　多点进水工艺

多点进水工艺是指污水沿池长分段注入曝气池，有机物负荷分布较均衡，改善了供养速率与需氧速率间的矛盾，有利于降低能耗。同时，废水分段注入，提高了曝气池对冲击负荷的适应能力。由于沉淀池只是受曝气池末端入流污泥浓度的影响，曝气池首端污泥浓度并不会影响到沉淀池的效果，因此在保持沉淀池入流污泥浓度不变的情况下，曝气池平均污泥浓度会提高，通常污泥浓度会提高35%～70%。在水量较高的时候，可以将进水点向系统末端移动，并加大末端进水量，以便减小二沉池污泥负荷，避免污泥冲刷流失。为了更加高效，使用该种方法最好在曝气池中有三个或更多的平行廊道。

多点进水的设备较为简单，主要包括进水阀门、管道及挡墙等。进水闸门或阀门可以用手动闸门或电动阀门，最好采用电动阀门。挡墙的设置是为了将各段分成明显的分区，这样不容易出现返混现象，挡墙可以采用混凝土承重墙，也可以用木质的挡板，或者钢板挡墙。

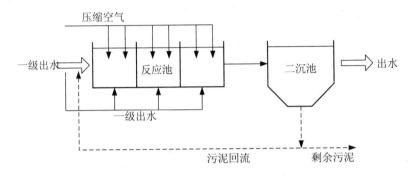

图2-5 多点进水工艺示意图

当考虑将传统工艺改为多点进水工艺时，需要考虑几个因素。首先应该考虑在不同模式运行下渠道中的水力条件，是否能通过各种运行模式下的设计流量，并且各个池子的曝气量也需要调整。另外，如果有可靠的装置来监测沉淀池泥位及出水悬浮物，多点进水工艺的处理极限会更容易达到。

2.1.2.3 吸附再生工艺

吸附再生又称接触稳定（Contact Stabilization）。吸附再生法将反应器分为两个池：吸附池和再生池。吸附池用于除去进水有机物质，而再生池接受自沉淀池回流的活性污泥并进行曝气，使有机物质得到稳定化处理。

吸附再生法是基于活性污泥的"初期吸附去除作用"。当含有溶解性和非溶解性有机污染物的废水和活性污泥一起曝气时，BOD_5在最初的 5～15 min 以内急剧下降，然后略有升高，随后又缓慢下降。BOD$_5$值的第一次急剧下降是活性较强的活性污泥对有机污染物吸附的结果，称为"初期吸附去除作用"，随后的略升高是由于被吸附的非溶解态的有机物经水解酶水解转变为溶解性有机物后，部分扩散进入废水中，使混合液的 BOD$_5$ 值升高。随着生化反应的持续进行，有机污染物浓度下降。

　　吸附再生法中污泥和经过再生活性很强的污泥同步进入吸附池，在这里充分接触，使部分呈悬浮、胶体和溶解性状态的有机污染物为活性污泥所吸附和吸收去除。吸附池混合液进入二沉池，进行泥水分离，澄清水作为出水排放，污泥则从池底部分进入再生池，在这里进行第二阶段的分离和合成代谢反应，活性污泥进入内源呼吸期，使污泥的活性得到恢复，使其在进入吸附池与污水接触后，能充分发挥其吸附和吸收的功能。

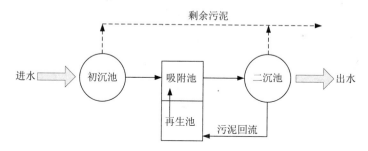

图 2-6　吸附再生工艺示意图

　　由于吸附池混合液悬浮固体浓度相对比较高（等于回流污泥浓度），对于相同池容，吸附再生法比传统活性污泥法的停留时间更短，可以用来增大污水处理厂处理能力。吸附池的 HRT 通常为 0.5~2 h，再生池的 HRT 通常为 4~6 h，取决于回流活性污泥。

2.1.3 生物膜处理单元

生物膜处理单元，如滴滤池和生物转盘（RBCs），与活性污泥法相比较不容易流失生物量。然而，生物膜处理单元受洪峰流量影响较大。提高生物膜处理单元性能的技术将在下文中详述。

对滴滤池来说，回流通常用于为生物介质提供足够的湿润度。对生物转盘来水，回流污泥用于促进部分悬浮污泥的生长并维持一定的溶解氧浓度和水力负荷。然而在流量高峰期时候，通常回流不是必须有的，可以暂时降低或停止回流以提高流量高峰时的处理量。

有些滤池是串联运行，利用管道和泵将其连接。然而当污水流量骤增的时候，可以将这些单元改为并联处理，以处理更多的污水。这种方法用降低水力负荷率来提高生物处理能力。用并联各处理单元的方法可能会使 BOD 的去除率降低。

2.1.4 消毒单元

在流量峰值时，原水在化学消毒单元的停留时间可能不足，导致消毒不充分。消毒最优化的关键点包括混合条件和投加剂量。

消毒剂没有良好的混合或扩散会极大地减小消毒效率。对氯消毒来说，在合适剂量的条件下，其停留时间可以小于 15 min。然而，在峰值流量时需要借助以往经验确定最佳剂量。

在应用消毒技术时需要对技术进行全面的评价，评价因素包括消毒效率、费用、运行维护、对环境的影响等。此外，每种消毒技术的效能还和进水水质、剂量、接触时间、温度、pH 值有关。在进行技术评价的同时，还应分析当地的具体情况，任何一个因素考虑不当可能会对最后的运行效果产生严重的影响。

2.2　优化工艺条件

2.2.1　进水的分配和控制

污水处理厂中有多个处理单元的必须要控制进水的分配。总体来说，不均衡的流量分配会影响一个或多个处理单元的水力负荷，这对运行有负面影响，例如在二沉池流失污泥。流量控制可以通过外加合适的溢流堰或在处理过程中均衡分配污泥，例如回流污泥，同样非常重要。除非特别设计，污泥在各处理单元的均衡分配可能不会与流量的均衡分配同时出现。

2.2.2　旁路控制

污水处理厂在处理过程中一般产生几条旁路。旁路要么与污水处理过程分开，要么回到一个特定的处理单位作为补充。控制时间和旁路回流的位置可以避免处理设施超负荷运行。特别是在流量峰值期可以考虑降低或停止旁路回流。

2.2.3　自动化和远程控制

自动化和远程控制是基于系统的实时信息，可以提高对流量高峰的提前准备和应对。污水处理系统的实时信息可以使运营者在流量高峰达到污水处理厂之前知道运行的变化，因此可以高效应对。

在污水处理厂，自动化或远程控制系统能在流量高峰期最大化调整阀门、泵、出水堰高度。这些控制已经被证明能够减少污水溢流并最大化污水处理厂的处理能力。在各单元的实时控制可以最大化单元处理过程。例如，实时监控曝气池中溶解氧的浓度可以使活性污泥过程更加优化。

2.3 应用案例

美国纽约华盛顿郡某污水处理厂采用活性污泥法工艺，在无雨时间段，平均日处理水量为 2.1×10^6 加仑/d①。但在多雨时段，该厂的进水流量能超过 15×10^6 加仑/d。为了保护污水处理厂处理单元，运营人员仅仅允许 7.5×10^6 加仑/d 的污水进入厂内进行相关处理。而活性污泥处理单元日流量严格限制在 5×10^6 加仑/d，超出的污水仅进行预处理和消毒处理，然后排放。

该厂通过升级改造，将活性污泥工艺改为吸附再生工艺，将初沉池、二沉池改造实现短流程处理。经过验证表明，相对于传统的活性污泥法，吸附再生法日处理流量得到增加。传统的活性污泥工艺在日流量超过 7×10^6 加仑/d 时，出水指标不达标。采用吸附再生工艺日处理量达到 7.5×10^6 加仑/d，并且出水水质达标。

2.4 小　结

在污水处理厂做任何改进或调整前，都应先对自身进行评价以从现有能力确定改造是否可能。对现有污水处理厂进行改造优先于建造新的污水处理设施，因为其改造成本相对较小。一些用于流量

---

① 1 加仑（美）=3.785 4 dm³。

高峰期的改造可能会导致出水污染物浓度，如 BOD_5 等的提高。提高现有污水处理设施的能力必须与短期—长期目标相结合。

此外，需要注意的是，操作前后可能会对污水处理厂常规运行产生不良影响，且具有降低出水水质的潜在可能，但决策者应以综合环境效益为首要目标，实现污染物最大限度地削减。

第 3 章　现场高效处理设施与技术

3.1　拼装式污水处理设施

3.1.1　概述

　　拼装式污水处理厂是指其各个单元或模组预先设计制造，并在现场通过组装、连接以及安装，形成具有一定污水处理能力的设备。对一些拼装式污水处理设施，其设计原则与大型污水处理厂无异，但拼装式污水处理设施的设备选择可不同于大型污水处理厂。除此之外，工艺过程的冗余度、封闭系统的类型等都可能出现巨大差异，这与系统的预先设计与线下建造分不开。拼装式污水处理设施操作弹性较小，但是在应急情况下能够有效且经济地进行污水处理。

3.1.2　一般性要求

- 污水应先经化粪池后，再进入拼装式污水处理设施。
- 拼装式污水处理设施的主要设施为全地上、临时性、可拆卸设施。
- 处理地区应有稳定动力电供应，无动力电供应地区应选择

220 V 额定电压的鼓风曝气机和水泵。

影响应急拼装式污水处理设施建造场地的因素主要包括：

① 地势；

② 出水合适的排放点；

③ 建造、运行、管理等方面的因素；

④ 适合污泥脱水与最终处置的场地；

⑤ 饮用水水源地的保护。

3.1.3　工艺分类

拼装式污水处理设施用于污水应急处理，工艺选取应当参考快速、有效、经济等因素，因此尽量选取较为简洁有效的工艺，通过拼装式污水处理设施处理实现应急情况的处置。

拼装式污水处理厂常用的工艺类型有：延时曝气、SBR、氧化沟、接触稳定、生物转盘以及物理/化学处理，下面详细介绍前三类工艺类型。

3.1.3.1　延时曝气式

在国外，延时曝气式污水处理厂通常运用于小型城市、郊区住宅小区、公寓大楼以及高速公路服务区等日污水水流量低于 378 m³ 的地区，此类系统同样对需要进行脱氮的地区适用。

延时曝气工艺是建立在传统活性污泥工艺的一种变形工艺，通过去除污水中可生物降解的有机废物，实现污水处理。通过鼓风曝气或机械曝气为生物氧化过程提供所需氧气。必须通过曝气或者机械搅拌方式保证微生物絮体与溶解有机物的充分接触。除此之外，pH 值也应当控制在一定数值内，实现对生化过程的优化。

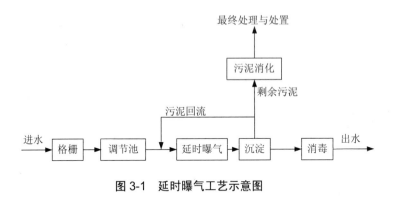

图 3-1　延时曝气工艺示意图

（1）工艺流程

污水首先须通过格栅去除大型悬浮或漂浮的固体，避免堵塞甚至对后续设备造成损坏。经过初步分离的污水进入筛网进一步除去通过格栅的较大颗粒污染物。如果污水处理设施需要对流量进行调节，污水会再流入调节池，从而调节峰值废水流量。经过调节均衡的污水进入曝气池，通过搅拌，微生物获得氧气，进行生化反应。经过生化反应的污水流入沉淀池，此时大多数的微生物絮体通过沉降作用到达沉淀池底部，其中一部分通过污泥回流泵回流到曝气池，剩余污泥排出系统进行最终处置。经过沉淀的水流通过消毒，最终出水达标排放。

延时曝气式拼装污水处理厂将一个钢结构的池划分为调节池、曝气池、沉淀池、消毒单元以及污泥消化单元。延时曝气式设备通常处理流量为 $7\sim378\ m^3$。延时曝气式拼装污水处理厂刚开始运行时需要借助其他污水处理厂的"种泥"，而"种泥"从其接种到稳定通常需要 $2\sim4$ 周的时间。

（2）工艺优点

◆ 设备易于操作，工人平均每天只需在现场 2～3 h。

◆ 延时曝气式工艺通常在处理有机负荷和水流变动方面有更好的表现，因为这为微生物提供了更多的时间吸收有机物质。

◆ 系统设备易于安装，因为它们在出厂时通常分为一到两个单元，然后在现场连接、安装即可。

◆ 系统运行过程中不会产生臭气，并且可以在大多数区域安装，占地面积小，同时可以与周围环境融为一体。

◆ 延时曝气系统由于泥龄较长，所以污泥产率低，在沉淀池进行硝化，并且不需要初沉池。

（3）工艺缺点

◆ 延时曝气系统没有额外的处理单元将无法完成反硝化和除磷过程。

◆ 对于出水标准的不断变动，显得该系统弹性有限。

◆ 曝气时间长带来更多的能耗。

◆ 系统相对于其他高效工艺需要更大的空间以及池容。

3.1.3.2 SBR 式

拼装式 SBRs 适合可用土地少、出水要求较高的区域。更具体地说，拼装式 SBRs 适合房车公园、移动房屋、露营地、建设用地、农村、学校、酒店以及其他小型应用场地。这类系统也可用于处理制药、酿酒、乳制品、造纸业以及化学废水。拼装式 SBRs 反应周期足够长，在大多数情况下，可根据具体情况进行优化。

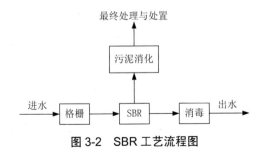

图 3-2　SBR 工艺流程图

SBR 工艺同样是基于活性污泥工艺的变形工艺，所有的生物处理过程均在一个池中进行，这与传统的活性污泥工艺不同，需要多个池来完成曝气、沉淀过程。SBR 系统包含两个或多个并行的反应池，或者一个调节池和一个反应池。选择何种反应池取决于污水流量的性质（流量大还是小）。

SBR 系统类型众多，包括基于时间的连续进水类型、基于时间、流量等的非连续进水类型、其他不同制造商生产的各种变形工艺。SBR 类型工艺的选取取决于现场情况、污水特性以及工艺单元安装所需面积等。拼装式 SBR 污水处理厂常用于处理流量在 37.8～757.1 m³/d，不过处理流量仍具有一定的变区间化。

（1）工艺流程

进水流首先通过格栅处理，然后在 SBR 反应器中分批次处理，最终达到理想的出水要求。剩余污泥经过消化、最终处理与处置以及有效利用。经过处理后的污水在消毒单元进行消毒，达标排放。在此类型的拼装式污水处理设施中，消毒单元前一般需设置调节池从而存储大量待消毒的水。若水流未经过调节，则另可设置大型滤池用于调节进入消毒单元的大量水流。除此之外，SBR 系统一般没有初沉池和二沉池。

　　SBR 处理循环一般有五个阶段：注水、反应、沉淀、滗水、闲置。每个阶段的时间由 PLC 控制，该控制过程也可以实现远程控制。在注水阶段，初始废水进入反应池与池底的前一周期活性污泥混合。在反应阶段，通过曝气，实现氧化和硝化过程。在沉降阶段，中止曝气和搅拌，污水中固体开始沉淀。在滗水阶段，经过处理的污水从反应池排出。滗水完毕，反应池进入闲置阶段，直到下一周期开始，在这一阶段，部分污泥从反应池排出，进行最终处置。

　　高 BOD 负荷的工业废水，如来自化学或食品加工厂的废水，可采用此类 SBRs 处理设备。拼装式 SBRs 也适用于要求硝化、脱氮、除磷的企业。除此之外，SBRs 适用于出水标准经常改变，且越发严格的区域，因为这类系统有极大的灵活性来改变处理流程。但是，SBR 工艺的部分经济优势会在这一过程中流失。

　　（2）工艺优点

- ◆ SBR 工艺可以不间断地进行硝化、反硝化和生物除磷。
- ◆ 具有很大的操作弹性。
- ◆ 处理效率较高，可以有效控制生物脱氮、丝状菌繁殖以及系统整体的稳定性。
- ◆ 处理所有过程均在同一反应池，设备更为紧凑，占地面积小。
- ◆ 可以有效避免污泥膨胀。
- ◆ 运行与维护较为简单。

　　（3）工艺缺点

- ◆ 污泥需要经常进行处置。
- ◆ 单位能耗较高。
- ◆ 循环周期时间控制较难。

3.1.3.3 氧化沟式

氧化沟是活性污泥法的一种改型，它把连续环式反应池作为生化反应器，混合液在其中连续循环流动。氧化沟使用一种带方向控制的曝气和搅动装置，向反应器中的混合液传递水平速度，从而使被搅动的混合液在氧化沟闭合渠道内循环流动。

典型的氧化沟拼装式污水处理系统处理能力在 37.8～1 892.7 m³/d。初始污水进入氧化沟前首先经过格栅，根据系统尺寸以及类型酌情添加沉砂池。污水然后进入反应沟，通过表面曝气或深度曝气，推动沟内的混合液体以足够高的速度流动，以防止固体沉积。曝气装置可确保污水中有足够的氧气，保证微生物和污水有机质的混合。

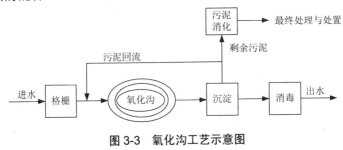

图 3-3　氧化沟工艺示意图

氧化沟往往采取延时曝气的方式，泥龄一般较长，这样使得更多的有机物质得到分解。已处理的污水流动到沉淀池，实现泥水分离。已处理的污水经过消毒处理，达标排放。部分污泥被返回到氧化沟中作为回流污泥，而其余污泥则作为剩余污泥排出系统。同样，剩余污泥仍需要经过消化处理，得到有效的最终处置。

（1）工艺优点

◆ 非常适合用于处理典型生活污水，有中度的能耗要求，并在各种天气情况下均能有效地运行。

◆ 氧化沟为廉价的废水处理方式，运行维护费用和运营要求低。

◆ 系统无须沉淀池，降低了成本，提高了系统弹性。

◆ 就 TSS、BOD、氨氮而言，系统出水水质较高。

◆ 氧化沟具有相对较低的污泥产率，需要操作者有一定的技巧，能够处理流量冲击和水力负荷。

（2）工艺缺点

◆ 氧化沟由于搅拌/曝气设备会产生一定的噪声，并往往会由于不当操作引起臭味的散发。

◆ 生物处理过程无法处理高毒性污水。

◆ 系统占地面积较大。

◆ 系统弹性较小，对出水标准的不断提高适应力较差。

3.1.4 设计参数

表 3-1 拼装式污水处理厂典型设计参数

参数	延时曝	SBR	氧化沟
有机负荷（F/M）/（kgBOD$_5$/kgMLVSS）	0.05～0.15	0.05～0.30	0.05～0.30
MLSS/（mg/L）	3 000～6 000	1 500～5 000	3 000～6 000
停留时间/h	18～36	16～36	18～36
容积负荷/[kgBOD$_5$/（d/m^3）]	0.62～1.55	0.31～0.93	0.31～1.86

3.1.4.1 延时曝气式

延时曝气式拼装污水处理厂通常由钢材料或混凝土建造。如果系统足够小，则整个系统将作为一个单元送到现场，准备安装。如果系统较大，沉淀池、曝气池和氯罐均作为单独的单元，然后将其运送到现场后装配。

为得到良好的出水水质，系统内的微生物需要与污水中有机物充分接触。典型的延时曝气式拼装污水处理厂的曝气时间（接触时间）为 18～24 h。曝气时间长短、日流量、进水水质以及出水水质决定了曝气池的大小，其中空气被用于混合污水和供给氧气，以促进微生物的繁殖。有时为了应对早上和晚上高峰时的水流负荷，需要引入污水调节池。经过调节后的污水以可控的流量被输送到污水处理设备。

系统设备应在现场安装，废水收集系统尽可能通过自然重力方式实现。此外，现场地质环境应稳定，排水良好，并且不容易出现水涝。该设施应该安装在距离住宅区至少 30 m 的区域，并符合所有卫生部门的规章制度。

为了易于操作和维护，延时曝气系统应安装在高于地面约 0.15 m，达到保温的目的，同时防止地表径流渗入系统，并让系统易于维护。如果该系统被安装在地下，它必须有不同的导流沟或延伸壁，以防止地表水渗入拼装式污水处理设备。

另外在现场应铺设人行道，便于系统的人工维护。

3.1.4.2 SBR 式

现场污水的日流量在小于 200 m³ 时，适用单一预制的钢罐反应器。这种反应器被分为 SBR 池、好氧污泥消化池以及一个进水泵井。混凝土制罐反应器也可使用，但钢制小型系统成本效益更好。如果工厂必须要处理 378～5 678 m^3 的污水，则常用混凝土制 SBR 池。

上一周期的好氧反应后，通过提供足够的缺氧时间，可以进一步提升反硝化和生物除磷效果。这一过程溶解氧被耗尽，通过反硝化作用，硝态氮被还原成氮气。经缺氧处理后引入厌氧过程，聚磷菌氧化体内 PHB，产生能量吸收污水中的磷酸盐，合成聚磷酸盐，达到除磷的目的。由于系统的周期性，此时生物固体中吸收了额外的磷，必须通过排泥实现磷的净处理。在处理剩余污泥时，应避免厌氧条件，因为在此条件下污泥中的磷会再次释放。

调节池的调节容积可按日处理水量的 35%～50%计算，调节池内应设置潜水搅拌器。应急处置时，SBR 工艺宜采用单池设计，与调节池配合使用；SBR 池水力停留时间为 12 h；污泥负荷取 0.2～0.4 kgBOD/kgMLSS·d；需氧量取 0.7～1.1 kgO_2/$kgBOD_5$。生化处理反应池应采用水下曝气机或表曝机供氧，出水应采用滗水器。污泥可排入化粪池。

拼装式反应器为圆形或方形结构，池壁采用固定规格的钢板相互搭接并用密封材料镶嵌在两板重叠之间，然后用螺栓连接成圆筒状池壁，池底为混凝土结构。

池底采用钢筋混凝土基础，在基础上设预埋件，用螺栓将罐体和预埋件固定，然后用高强防水密封剂密封，最后覆细石混凝土保护层。池壁板材可采用普通钢板、镀锌钢板、不锈钢、搪瓷钢板等。普通钢板必须作防腐处理。钢板规格宜采用 2.4 m×1.2 m，厚度 2.0～4.0 mm。拼装设备的安装顺序为自上而下，即先装配罐体的最上一层，然后依次向下。拼装板之间采用螺栓连接，需在钢板模块上加工成若干孔，再到施工现场采用螺栓进行装配连接，然后采用高强防水密封剂密封。

设备安装完毕及密封后，需进行清水试漏以检验罐体各个部位的质量，保证无渗漏变形后方可使用。

合理调节水泵运行台数，保证来水量与抽升量基本持平，并尽可能保证后续工艺处理水量均匀；对泵前集水池每年要进行清砂，清砂时要防止毒气中毒。

单池 SBR 运行周期一般为 8 h，进水曝气 6 h，闲置 1 h，滗水 1 h。

SBR 池启动时应快速启动接种配菌。应经常检查滗水器收水装置、旋转接头、伸缩套筒的运行状况，发现变形、卡阻现象要及时维修更换。对于长期不用的滗水器导杆要防止锈蚀卡死。

3.1.4.3 氧化沟式

一般来说，反应池与沉淀池尺寸因各自处理要求而异，但为了减少成本与空间，这两部分一般公用一面池壁。氧化沟一般用混凝土建造，这是为了减少维护费用，混凝土池并不需要定期重新粉刷或喷砂。

氧化沟池容由进水水质、出水要求、水力停留时间（HRT）、泥龄（SRT）、温度、混合液悬浮固体以及 pH 值决定，还应考虑现场实际情况。一些氧化沟最初不要求澄清，但以后可以升级和扩展，加入澄清剂，改变工艺类型，或者增加额外的沟渠。

总体上，拼装式污水处理厂的运行效果受到各种操作和设计因素的影响。

- ◆ 突然的较大温差变化。
- ◆ 初沉池油脂、浮渣的去除率。

◆ 进水量过小，自净管道堵塞。

◆ 水量的波动、BOD$_5$ 负荷、其他进水因素。

◆ 水流冲击负荷、大的流量波动。

◆ 曝气时间的控制。

3.1.5　操作维护

3.1.5.1　延时曝气

正常操作程序包括：粪大肠菌群测试，以确保后续得到足够的消毒；定期检测曝气池溶氧量和混合液悬浮固体浓度；污泥容积指数（SVI）检测，评估污泥沉降性能。其他采样和分析，将按照国家规定出水要求。

典型维护措施包括检查电机、齿轮、鼓风机和泵，以确保适当的润滑操作；对设备进行例行检查，以确保正常运行。

3.1.5.2　SBR

以确保系统的正常功能，运营商必须提供相关设备。操作程序包括：取样和溶解氧检测，pH 值和混合液悬浮固体的检测。其他采样和分析，将按照国家规定出水要求。

维护要求包括：定期保养曝气鼓风机，润滑维护和每月检查鼓风机皮带，以确定它们是否需要调整或更换；潜水泵需要根据制造商要求，实行定期检查和维修；滗水器需要定期润滑；具体的维护问题，与制造商联系解决。

3.1.5.3 氧化沟

日常操作包括对溶解氧、pH 值、混合液悬浮固体以及其他指标进行取样，检测。

维护要求包括：定期检查曝气机；定期润滑转子；按照制造商的建议维修泵。运营商应遵守所有制造商的建议，对设备进行操作和维护。

3.1.6 小 结

各类拼装式污水处理设施的优劣比较见表 3-2。

表 3-2 各类拼装式污水处理设施的优劣比较

	工艺优点	工艺缺点	一般出水水质	关键设备
延时曝气式	◆ 设备易于操作，工人平均每天只需在现场2～3 h； ◆ 系统设备易于安装； ◆ 不会产生臭气； ◆ 污泥产率低，不需要初沉池	◆ 没有额外的处理单元将无法完成反硝化和除磷过程； ◆ 对于出水标准的不断变动，显得该系统弹性有限； ◆ 能耗大	BOD<30 mg/L TSS<30 mg/L TP<2 mg/L NH$_3$-N<2 mg/L	输送泵、格栅、曝气系统（鼓风机、曝气头）、提升泵、撇渣器、出水堰紫外线设备等
SBR式	◆ 可以不间断进行硝化、反硝化和生物除磷； ◆ 具有很大的操作弹性； ◆ 处理效率较高； ◆ 设备更为紧凑，占地面积小； ◆ 运行与维护较为简单	◆ 污泥需要经常进行处置； ◆ 单位能耗较高； ◆ 循环周期时间控制较难	BOD<10 mg/L TSS<10 mg/L NH$_3$<1 mg/L	曝气系统（曝气头、鼓风机）、搅拌机、滗水器、污泥回流泵、PLC和控制面板

	工艺优点	工艺缺点	一般出水水质	关键设备
氧化沟式	◆ 适用于处理典型生活污水； ◆ 运行维护费用和运营要求低； ◆ 系统无须沉淀池； ◆ 系统出水水质较高； ◆ 具有相对较低的污泥产率	◆ 可能有一定的噪声和臭味； ◆ 无法处理高毒性污水； ◆ 系统占地面积较大； ◆ 系统弹性较小	CBOD＜10 mg/L TSS＜10 mg/L TP＜2 mg/L	格栅、反应渠、曝气设备（机械曝气、射流曝气或鼓风曝气）、污泥回流系统

3.2 一体化污水处理装置

3.2.1 概述

污水处理一体化装置具有投资省、占地少、能耗低、处理效果好、管理简便等优点，是一种适合我国国情的污水处理新方向。

一体化小型生活污水处理设备一般是指处理能力在 500 m^3/d 以下，集污水处理工艺各部分功能，一般包括预处理、生物处理、沉淀、消毒等为一体的生活污水处理装置。这种装置（设备）主要适用于污水量较小、分散广、市政管网收集难度高的生活污水和与之类似的有机工业废水，具有经济、实用、占地小、操作管理方便等特点，是城市污水处理系统的有益补充。

与大型市政污水处理工程相比，小型污水处理工程具有如下特点：

（1）水质、水量波动较大。不管是住宅小区还是旅游景区等，白天用水量较大，夜间几乎无污水排放，用水量的时变系数很大。有的小区还建有工业企业，会出现间断排放的情况，易形成水质水量的冲击。

（2）维护管理人员的运行管理经验不足。小型污水处理工程大多没有专门的污水处理专业人员，运行过程中出现的问题难以得到及时解决。

（3）小型污水处理装置的安装建设地点往往离建筑物及人员活动区域较近，因此必须尽力减轻污水处理机械噪声及产生的异味对环境的影响。

（4）小型污水处理装置建设多为所属单位自筹资金，一般经济承受能力较弱，可供选择的实用技术较少。

3.2.2 一般性要求

◆ 生活污水直接进入一体化污水处理装置，调节槽的容积应适当加大，以起到部分预处理作用。

◆ 一体化污水处理装置适合采用玻璃钢、碳钢等防腐材质。玻璃钢材质设备重量轻（仅为钢设备的1/4）、耐腐蚀、拆装方便、可拆卸搬运至异地重复使用。

◆ 填料及设备使用寿命应大于3～5年。

3.2.3 工艺分类

3.2.3.1 接触氧化工艺

接触氧化工艺具有对冲击负荷有较强的适应、剩余污泥较少、出水水质稳定的特点。当进水 BOD 浓度为 100～150 mg/L 时，一般接触氧化池的停留时间为 0.5 h 左右，体积负荷可达到 6 kgBOD$_5$/m^3。

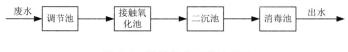

图 3-4　接触氧化工艺流程图

3.2.3.2　A/O 式

经大量实践检验，A/O 工艺对生活污水能取得较好的处理效果，包括其良好的脱氮除磷效果。A/O 一体化装置是一种将缺氧、好氧段组成一个整体的污水处理装置，若再把沉淀池组合进来，起到二沉池的作用，则可进一步提高出水水质。其主要特点有：占地少、运行成本低、管理容易；耐冲击负荷、出水水质好；可将出水回流至反应器进水口，形成"前置式反硝化生物脱氮系统"，取得较好的脱氮效果；处理能力相对有限，大都适用于中小规模的污水处理。

（1）筒式一体化 A/O 反应器

一个典型的筒式一体化 A/O 反应器污水以升流方式依次流经厌氧区、好氧区，好氧区底部装有曝气头。实际应用中，该反应器通常后续一个沉淀池，若将沉淀池出水回流到进水口可形成 A/O 脱氮工艺。

（2）套筒式一体化 A/O 反应器

这种反应器的主要特点是采用了套筒结构，通常外筒具有沉淀池的功能，从而将二沉池与缺氧、好氧段合建为一个整体，提高了出水水质。

结构 1：反应器内筒为厌氧区，外筒包括好氧区和沉淀区，如图 3-6 所示。生活污水依次流经升流式厌氧污泥床（UASB）、好氧接触氧化池和沉淀池后，从沉淀池上部出水。沉淀的污泥则送入厌氧污泥床中,同初沉污泥一并厌氧消化稳定。厌氧段产生一定量的沼气,可作为燃料利用。装置的处理效果良好,悬浮物和氨氮去除率较高。

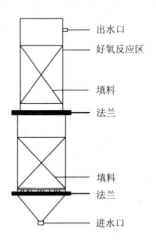

图 3-5 筒式一体化 A/O 反应器

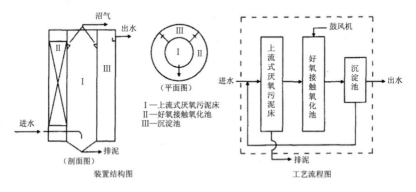

图 3-6 套筒式一体化 A/O 反应器(结构 1)

结构 2：装置见图 3-7，其内筒下部为厌氧区，内筒上部为好氧接触氧化区，外筒为沉淀区。运行时，污水经厌氧、好氧区和沉淀区后，从沉淀区上部出水；沉淀区污泥回到厌氧区，参与水解消化。

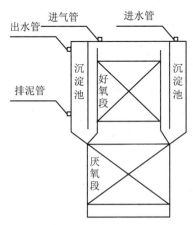

图 3-7 套筒式一体化 A/O 反应器（结构 2）

（3）A/O 一体化曝气生物滤池

这种滤池是将缺氧段和曝气生物滤池（BAF）的好氧段、过滤段有机地结合起来构成的，滤池后不设沉淀工序，反应池通常采用悬浮有机填料。实际运行时，将出水部分被回流至反应池，实现反硝化脱氮。该滤池具有良好的硝化、反硝化效果，运行一段时间后，填料会发生堵塞，应进行反冲洗。

3.2.3.3 A^2/O 式

A^2/O 法生物除磷脱氮工艺，其不仅能去除 COD、BOD，还能脱氮除磷。A^2/O 工艺一般不设初沉池，各处理段水力停留时间比为厌氧：缺氧：好氧=1：1：3，一般厌氧段和缺氧段 2 h，好氧段 6 h 左右。A^2/O 工艺需要注意对好氧段的供氧能力的设计。当供氧不足时，对氮磷的去除效果会减弱。

3.2.3.4 氧化沟式

一体化氧化沟不设调节池及单独的二沉池，沉淀单元置于氧化沟的沟渠内。一体化氧化沟工艺流程短，构筑物简单，设备少，运行方式属于推流和完全混合相结合的延时曝气，污泥得到好氧未定，产泥量小，污泥易脱水，污泥的及时回流也减小了污泥膨胀的可能，所以一体化氧化沟的处理效果较好。氧化沟内的流速一般 0.3～0.5 m/s，沟深 1.5～4.5 m，容积负荷 0.45～0.9 kgCOD/（m^3·d），水力停留时间为 10～40 h，污泥龄为 10～30 d，沟内污泥浓度 2 000～4 000 mg/L，沉淀区表面积 4～6 m/d，沉淀时间为 0.5 h。针对氧化沟占地面积较大的缺点，新型的一体化立体循环氧化沟技术已经开发出来了，变传统的氧化沟水平流动循环为竖直循环，利用立体循环这种独特的水流特点，实现了污泥的自动回流，节省了污泥回流的动力消耗，并有效地节约了占地，同时取得了较好的有机物、氨氮及总磷的去除效率。

（1）BMTS 式氧化沟

BMTS 式氧化沟是将二沉池建在沟槽内并占据沟槽整个宽度的一体化氧化沟。运行时，混合液在由两层独立的斜板组成的沟内沉淀池中进行固液分离，清水通过穿孔管排出，沉淀后的活性污泥通过机械和水力方式直接回流至氧化沟中，剩余污泥则通过从沟内直接排放混合液得以实现。

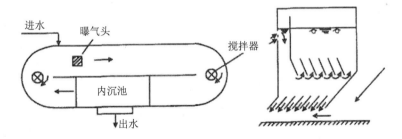

图 3-8 BMTS 式氧化沟

（2）船型沉淀池式氧化沟

这是一种将沉淀池如船一般置于沟槽中，但其船型沉淀池没有占据沟槽整个宽度的一体化氧化沟。在该氧化沟中，混合液被限于沉淀池与池壁、底板间流动，流过沉淀池的部分混合液从其尾部进入（这样可大量减少泡沫的挟带），沉降污泥通过泥斗底部的短管回流到混合液中。上清液由池首溢流堰流出，剩余污泥从沉淀池尾部附近排出，送往脱水系统。

图 3-9 船型沉淀池式氧化沟

（3）圆环形一体化氧化沟

这是具有圆形构造，含有沟内式沉淀器的一体化氧化沟。图 3-10 为一圆环形氧化沟后续三级氧化塘，它同时含有沟内沉淀分离器和侧沟。沟内沉淀分离器由于存在悬浮层的过滤作用，使其表面负荷增大,约为侧沟的 2 倍。污水进入氧化沟后,经沉淀分离器或侧沟进行固液分离,上清液进入三级塘,经补充处理后排出,污泥自动回流进入氧化沟。

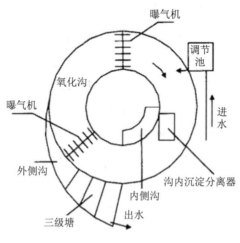

图 3-10 圆环形一体化氧化沟

3.2.3.5 SBR 式

SBR 工艺中进水、反应、沉淀、排放和闲置依次在同一池中完成,周期运行。SBR 的工艺概念和操作的灵活性,使其易于引入厌氧/好氧的除磷过程和缺氧/好氧的除氮过程,通过调整运行周期及控制各工序时间的长短,从而实现对氮、磷的高效去除。为适应各种水质处理的要求,SBR 还有很多改进型工艺,较典型的有间歇式循环曝气活性污泥(ICEAS)法、连续曝气和间歇曝气相结合的活性污泥(DAT-IAT)法、MSBR、三池联体型前部连续曝气和后部交替曝气相结合的活性污泥(UNITANK)法等。

（1）DAT-IAT 污水处理一体化设备

该设备是采取 DAT-IAT 工艺，即利用单一 SBR 池实现连续运行的新型装置，其主体构筑物由需氧池（DAT）和间歇曝气池（IAT）组成。它既有 SBR 法的灵活性，又具有传统活性污泥法的连续性和高效性。运行时，DAT 连续进水，连续曝气，其出水进入 IAT，在此可完成曝气、沉淀、滗水和排出剩余污泥工序，是 SBR 的又一变形。

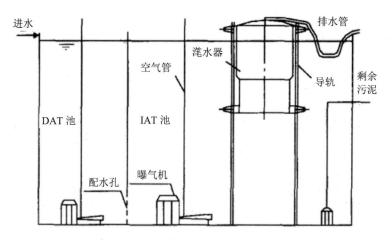

图 3-11 DAT-IAT 污水处理一体化设备

（2）膜-序批式一体化反应器（MSBR）

MSBR 由膜组件与 SBR 反应器结合而成，内含膜组件、空气扩散器和搅拌器，采取类似 SBR 的周期运行方式，有生物量大、污泥产率低、出水水质好和可处理难降解污染物的特点。

（3）UNITANK 一体化工艺

UNITANK 工艺集合了 SBR 工艺和氧化沟工艺的特点，一体化设计使整个系统连续进水、连续出水，而单个池子相对为间歇进水间歇排水。UNITANK 工艺由三个矩形池串联组成，池内设曝气设备，按周期运行，中间池相对为间歇进水、间歇排水。

UNITANK 由三个矩形池串联组成，池内设曝气设备，按周期运行，中间池内连续曝气，两侧池内间断曝气，交替作为沉淀池和曝气池，进水交替进入三池，出水相应地从两侧引出。外侧两个池设有固定式出水堰及剩余污泥排放装置，它们交替作为曝气池和沉淀池，中间的池子只能作为曝气反应池，系统省去传统工艺中的初沉池和污泥回流设施，出水采用固定堰，不设浮动式撇水器，水面基本恒定，另外池中约有 2/3 的设备同时运行，与 SBR 工艺相比，其容积和设备利用率高。

3.2.4 设计参数

（1）一体化污水处理装置主要由格栅、调节槽（前端可设沉泥槽）、生化槽、沉淀槽、消毒槽等组成，调节槽可单独修建。

（2）一体化污水处理装置设备主要有格栅、提升泵、鼓风机、控制柜等。建议采用节能型的水泵和鼓风机，无动力电供应地区，应选择 220V 额定电压的鼓风曝气机和水泵，控制系统采用 PLC 自动控制。

（3）调节槽停留时间不宜小于 6 h。

（4）好氧生物处理部分建议选用接触氧化、SBR 等工艺。如采用接触氧化工艺，停留时间不宜小于 5 h，曝气设备建议选择内置式如射流曝气器。曝气的气水比不宜小于 1∶10。

（5）沉淀池表面负荷不宜大于 1.0 m³/（m²·h）。

（6）消毒池停留时间不宜小于 0.5 h，消毒剂建议采用固体氯片。

3.2.5 安装与运行管理

（1）装置建议采用地上安装。安装时一般需准备一块与设备外形相同的混凝土地坪作为基础。基础承压标准需满足设备要求，同时要求水平、平整。

（2）设备安装完毕由专业技术人员进行生物培养、驯化及整套设施的联体启动运行，验收合格后交付使用。

（3）设专门人员定期巡检，频率为 1～2 周 1 次。巡检主要内容为清除格栅污物、查看曝气情况、发现故障及时排除、投加消毒片等。

（4）污水处理系统产生的少量污泥可定期（每年 1～2 次）由环卫部门的吸粪车抽吸外运。

3.3 化学强化一级处理技术

3.3.1 概述

强化一级处理（Enhanced Primary Treatment）是在一级沉淀处理的基础上进行改进以提高处理效果的污水处理工艺，具有投资较小、运营费用较低的优点。与传统的二级生化处理技术相比，能够有效地解决纳污支流对区域性河流造成的严重污染问题，且可以显著降低一次性基建投资及运行费用。

化学强化一级处理（CEPT）与絮凝剂的发展密切相关，由于城市污水水量大，投加絮凝剂运行费用较高，故 CEPT 过去在一级处理中应用较少。现在由于高效、廉价絮凝剂的出现，国外在城市污水处理中已经应用。

3.3.2　基本原理

以硫酸铝和三氯化铁混凝剂为例，金属盐与水中的磷酸盐、碱度的反应可用以下反应式表示：

三氯化铁混凝：

主反应：$FeCl_3+PO_4^{3-}\rightarrow FePO_4\downarrow+3Cl^-$

副反应：$2FeCl_3+Ca(HCO_3)_2\rightarrow 2Fe(OH)_3\downarrow+3CaCl_2+6CO_2\uparrow$

硫酸铝混凝：

主反应：$Al_3(SO_4)_3\bullet 14H_2O+2PO_4^{3-}\rightarrow 2AlPO_4\downarrow+3SO_4^{2-}+14H_2O$

副反应：$Al_3(SO_4)_3\bullet 14H_2O+6HCO_3^{-}\rightarrow Al(OH)_3\downarrow+3SO_4^{-}+6CO_2\uparrow$
$$+14H_2O$$

由此可见，CETP 的投药剂量需服从污水中磷的去除要求，三价铝离子和三价铁离子都能与磷酸根离子（PO_4^{3-}）作用而生成难溶性的沉淀物（$FePO_4$ 或 $AlPO_4$），因此通过去除这些难溶沉淀物的方法就可去除磷。从化学反应的观点来看，三价金属离子和磷酸离子是以等摩尔进行反应的，所以混凝剂的投加量应取决于磷的存在量，但是化学药剂的实际投加量总是大于根据化学计量关系预测的药剂投量，这是因为污水中的氢氧根离子与混凝剂反应而生成氢氧化物，耗去了相当数量的混凝剂。虽然氢氧化物也能形成絮体，特别能吸附悬浮固体，从而可去除悬浮固体中所含的磷，但不能去除可溶性的正磷等。

对特定的污水，金属盐的投加量需通过试验确定，进水总磷浓度和期望的除磷率不同，相应的投加量也不同。出水总磷浓度为 0.5～1.0 mg/L 时，典型的金属盐投加量变化范围是

$1.0\sim2.0$ mg 金属盐/mol 磷去除；要求出水总磷去除浓度低于 0.5 mg/L，所需投加量明显增大。根据化学计量关系计算，去除 1 mg 磷所需金属盐投加量为 9.6 mg 硫酸铝和 5.2 mg 三氯化铁。投加高分子助凝剂可提高金属盐的除盐性能，投加量一般为 $0.1\sim0.5$ mg/L。

CEPT 法对悬浮固体、胶体物质和磷的去除具有明显效果，一般可去除悬浮固体达 90%，BOD 50%～70%，COD 50%～60%，细菌 80%～90%，总磷 80%～90%。CEPT 能降低后续生物处理的负荷和电耗，推迟生化处理构筑物的建设，运行稳定，所需生化池容积较小，节省用地和造价，而且近期投资环境效益较好（与一沉池比较）。

3.3.3 工艺流程

化学强化一级工艺是在一级处理的基础上，通过投加化学絮凝剂以提高悬浮态和胶体态污染物的去除，其工艺流程如图 3-12 所示。

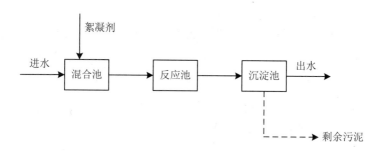

图 3-12 化学强化一级工艺

对于固体混凝剂，要先溶解成溶液，液体混凝剂一般也需要经稀释到要求浓度后，然后通过精确计量投加到原水中。药剂配置和投加的过程如图 3-13 所示。混凝剂的配制和投加系统主要包括：药液溶配系统、计量投加系统、安全系统和控制系统四部分。

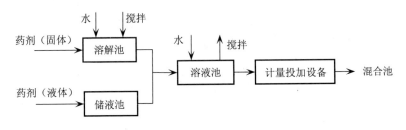

图 3-13 药剂配置和投加过程

混凝剂投加方式包括泵前投加、水射器投加和计量泵投加,污水处理中常用计量泵投加。计量泵主要分为柱塞式和隔膜式两大类,柱塞泵具有性能稳定、结构合理、操作简单、计量准确、维修方便、价格低廉等特点,隔膜泵除上述优点外,还有不泄漏、安全性高等优点。柱塞泵适用于投加压力特别高的场合,其他情况一般采用隔膜泵。

药剂与污水混合方式分为两大类:水力混合与机械混合。目前在污水处理中经常采用管道静态混合器或者机械混合。管道静态混合器是水力混合的一种形式,其原理是在管道内设置多节按照一定角度交叉的固定叶片,水流和药剂通过混合器时产生分流、交叉混合和反向旋流作用,使药剂迅速均匀地扩散于水中,达到瞬间快速混合的目的,混合率可达 90%~95%,管道混合器管中流速一般为1.0~1.5 m/s,水头损失为 0.3~0.4 m。

机械混合是建设机械混合池构筑物并在其中安装搅拌装置,通过电机驱动搅拌装置使药剂与污水混合的一种方式。搅拌装置可以采用桨板式、螺旋桨式、推进式等多种形式。桨板式结构简单,加工制造容易,但效能比推进式低;推进式则相反,效能较高,但制造较复杂。搅拌器一般采用立式安装，为避免与水流同步旋转而降低混合效果，可将搅拌器轴心适当偏离混合池中心。

污水与药剂的混合作用完成之后，污水中胶体等微小颗粒已有初步凝聚现象，产生了微小絮体，但还不能达到自然沉降的程度。絮凝阶段的主要作用是使凝聚过程中产生的微絮凝体互相碰撞、吸附并逐渐形成具有良好沉降性能和强度的絮凝体。絮凝设施紧接着混合设施，是完成混凝过程的最终设施。

絮凝设施也分为水力和机械两类。水力絮凝设施是利用水流自身能量，通过流动过程中的阻力将能量传递给絮凝体，使其增加颗粒碰撞和吸附机会。水力絮凝设施主要包括隔板式絮凝池、旋流式絮凝池、涡流式絮凝池、折板式絮凝池、网格（栅条）式絮凝池；机械絮凝反应设施是通过电机带动桨板进行搅拌，使水流产生一定的速度梯度，并将能量传递给絮凝体，增加颗粒碰撞和吸附机会。

机械絮凝反应池是利用减速装置驱动搅拌器对水进行搅拌，水流的能量消耗来自于搅拌机的功率输入。搅拌机主要有桨板式和叶轮式等，机械絮凝反应池一般分格串联，各格应满足独立的水力条件，如速度梯度（G）、水力停留时间（T）及 GT 值。按照搅拌机搅拌轴的安装方式分为水平轴搅拌絮凝池和垂直轴搅拌絮凝池，目前垂直轴搅拌器应用较多。

3.3.4　工艺特征

强化一级处理通过投加一定浓度的化学药剂促使污水的各种颗粒沉降、胶体脱稳，对部分溶解性的污染物也有一定的去除能力。该方法能在很短的时间内削减污染负荷，出水接近二级排放标准。其优点有：

（1）能有效去除多种污染物，如 BOD_5 的去除率可以达到 50% 甚至更高，悬浮物和总磷的去除率都能够达到 85%以上，对重金属以及寄生虫卵也有一定的去除效果；

（2）投资和运行费用低，基建费用和运行费用只有常规方法的 55%和 65%左右；

（3）适应水量和水质的波动，可根据来水的不同而调节药剂用量，确保出水的水质；

（4）运行和管理简单，无须复杂的操作系统既可以单独运行，也可以作为过渡措施，待资金充足时修建后续生物处理系统。

3.4 过滤设施

3.4.1 精密过滤器

3.4.1.1 概述

精密过滤器（又称为保安过滤器），筒体外壳一般采用不锈钢材质制造，内部采用聚丙烯（PP）熔喷、线烧、折叠、钛滤芯、活性炭滤芯等管状滤芯作为过滤元件，根据不同的过滤介质及设计工艺选择不同的过滤元件，以达到出水水质的要求。随着过滤行业的不断发展，越来越多的行业和企业运用到了精密过滤器。精密过滤器能够用于地下水和地表水的除泥沙过程，为处理污水溢流提供了可能。

3.4.1.2 工作原理

精密过滤器是采用成型的滤材，在压力的作用下，使原液通过滤材，滤渣留在管壁上，滤液透过滤材流出，从而达到过滤的目的。成型的滤料有滤布、滤网、滤片、烧结滤管、线绕滤芯、熔喷滤芯等。因滤材的不同，过滤孔径也不相同。

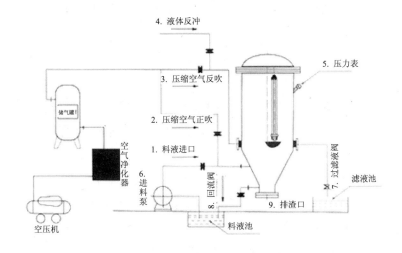

图 3-14　精密过滤器工作流程

精密过滤是介于砂滤（粗滤）与超滤之间的一种过滤，过滤孔径一般在 0.5～120 μm。同种形式的滤材，按外形尺寸可分为不同的规格。线绕滤芯（又称蜂房滤芯）有两种：一种是聚丙烯纤维，聚丙烯骨架滤芯，最高使用温度 60℃；另一种是脱脂棉纤维，不锈钢骨架滤芯，最高使用温度 120℃。熔喷滤芯是以聚丙烯为原料，采用熔喷工艺形成的滤材，最高工作温度 60℃。精密过滤可去除水中的悬浮物、某些胶体物质和小颗粒物等。精密过滤器有如下特点：

（1）过滤精度高，滤芯孔径均匀；

（2）过滤阻力小，通量大、截污能力强，使用寿命长；

（3）滤芯材料洁净度高，对过滤介质无污染；

（4）耐酸、碱等化学溶剂；

（5）强度大，耐高温，滤芯不易变形；

（6）价格低廉，运行费用低，易于清洗，滤芯可更换。

3.4.1.3 一般原则

（1）进出口通径：原则上过滤器的进出口通径不应小于相配套的泵的进口通径，一般与进口管路口径一致。

（2）公称压力：按照过滤管路可能出现的最高压力确定过滤器的压力等级。

（3）孔目数的选择：主要考虑需拦截的杂质粒径，依据介质流程工艺要求而定；运用于污水溢流领域一般选择 200 目左右。

（4）过滤器材质：过滤器的材质一般选择与所连接的工艺管道材质相同，对于不同的服役条件可考虑选择铸铁、碳钢、低合金钢或不锈钢材质的过滤器。

（5）过滤器阻力损失计算：水用过滤器在一般计算额定流速下，压力损失为 0.52～1.2 kPa。

3.4.1.4 注意事项

（1）过滤器以"先粗后精"原则组合配置，顺序不能颠倒。

（2）实际通过过滤器的压缩空气流量、压力及温度不能超过铭牌规定值。

（3）安装时须注意分清过滤器的进口、出口位置。

（4）过滤器安装对应地垂直，留有一定的离地高度，便于调换滤芯。

（5）下列情况之一出现时，应当更换滤芯：① 过滤器效果明显恶化；② 压差表示值超过 0.07 MPa（注：滤芯初始压降＜0.015 MPa）；③ 超过过滤器使用时限。

（6）不带自动排水器的过滤器，应定时打开球阀排除滤壳积水。通常每班不少于 1～2 次。

（7）过滤器进气温度不超过 66℃。

3.4.2　曝气生物滤池

3.4.2.1　概述

曝气生物滤池（Biological Aerated Filter，BAF）是对普通生物滤池的一种改进，是 20 世纪 80 年代在欧美发展起来的一种固定床生物膜水处理技术。由于其良好的性能，应用范围不断扩大，到 20 世纪 90 年代初已基本成熟，在废水的二级、三级处理以及再生水回用中，BAF 曝气生物滤池具有出水水质好、水力停留时间短、占地面积省、自动化程度高等优点。

一般按照水的流态可以分为下向流和上向流两种。早期的曝气生物滤池（如 Biocarbone）多为下向流，但由于下向流曝气生物滤池大量被截留的悬浮物集中在滤池上层几十厘米处，这部分滤料的水头损失占整个滤池水头损失的大部分，滤池截污能力不高，容易堵塞，运行周期短。对于二级处理，下向流 BAF 后来被上向流 BAF 取代了，因为上向流 BAF 运行的水力负荷更高，并且可以应对更强的冲击负荷。如 Biostyr 曝气生物滤池，是一种上向流淹没式生物滤池，其滤料为密度小于水的球形颗粒并浮于水中，此工艺可应用于污水的二级处理也可应用于污水的深度处理。

曝气生物滤池对污染物的去除主要通过两个途径：一是依靠附着在滤料上的大量微生物对污水中的溶解性有机物进行降解、硝化和反硝化，如与其他物化方法结合可同时实现除磷的目的；二是由于滤池本身具有物理截流过滤的功能，所以对游离态的污染物通过物理截流来驱除。

3.4.2.2 工艺特点

（1）占地省，投资少。曝气生物滤池将滤池和生化反应器结合起来，不再需要沉淀池，占地面积小，其占地面积是常规的 20%～25%，节省大量征地和地基处理费用；池容小，土建工程量比其他工艺少 20%～40%；全部模块化结构，工期短；上部出水为清水，滤头不易堵塞，检修和更换容易；可对处理区进行全封闭，无臭味污染，视觉和景观效果好。

（2）曝气效率高。曝气生物滤池采用穿孔管曝气（其曝气效率一般在 30%以上），效率的高低不仅取决于曝气设备本身，还取决于微生物对氧的吸收利用率。由于滤池中填满了密实的滤料，因此气泡到达滤池出水面的距离要比没有滤料时长 2 倍以上。穿孔曝气大大降低了曝气末端设备的投资和运行维护费用，也彻底避免了微孔曝气中常见的"堵塞"问题。

（3）滤池内微生物浓度大、活性高。曝气生物滤池处理负荷高，出水水质优，性能稳定。废水先流经缺氧区，不但提供反硝化所需的碳源，还有部分 BOD 被异养微生物降解，降低了进入曝气区的污染负荷，降低了好氧区内的曝气量。填料对水流的阻力保障了水流的均匀分布，创造了滤池内半推流的水力条件以及好的传质条件。水气平行向上流动，促进了气水的均匀混合，避免了气泡的聚合，有利于降低能耗，提高氧转移效率。

（4）抗冲击负荷能力强。国外运行经验表明，曝气生物滤池可在正常负荷 2～3 倍的短期冲击负荷下运行，而其出水水质变化很小。一方面依赖于滤料的高比表面积，当外加有机负荷增加时，滤料表面的生物量可以快速增值；另一方面依赖于整体曝气生物滤池的缓冲能力。

（5）自动化程度高，运行维修方便易行。自动化程度高，操作人员少；低温运行稳定，受温度影响很小；由于其具有连续的物理过滤能力，一旦生物反应发生问题，滤池仍可去除绝大部分的悬浮物；而且仅需要几天即可恢复生物处理能力，而且工艺操作灵活，同一滤池内可同时完成硝化和反硝化的功能。

然而，曝气生物滤池也有一定的局限性。

（1）对一级处理要求较高。如果进水的悬浮物较高，会使滤池在很短的时间内达到设计的水头损失发生堵塞，这样就必然导致频繁的反冲洗，增加了运行费用与管理的不便。这样就对曝气生物滤池前的处理工艺提出了较高的要求。对初沉池而言，解决的方法是：或者减小表面负荷、延长停留时间，或者采用斜板（管）沉淀池，或者增加预曝气以改善固体颗粒的沉降性能。另外，因曝气生物滤池的反冲污泥具有比较高的生物活性，将其回流入初沉池，可利用其吸附、絮凝能力，将污泥作为一种生物絮凝剂，提高悬浮物的去除率；国外也有采用投加化学药剂进行化学絮凝沉淀。

（2）采用曝气生物滤池，水头损失较大，水的总提升高度大。曝气生物滤池虽具有截留悬浮物，代替二沉池的功能，但同时伴随着的是其水头损失较大。一般来说，水头损失根据具体情况，每一级为 1～2 m，这样就在整体上加大了水的总提升高度。

3.4.2.3 工艺分类

（1）BIOCARBONE

结构简图如图 3-15 所示。

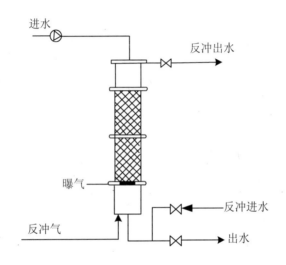

图 3-15　BIOCARBONE 曝气生物滤池

污水从滤池上部流入，下向流流出滤池。在滤池中下部设曝气管（一般距底部 25~40 cm 处）进行曝气，曝气管上部起生物降解作用，下部主要起截留悬浮物及脱落的生物膜的作用。运行中，因截留了悬浮物及生物膜的生长，水头损失逐渐增加，达到设计值后开始反冲洗。一般采用气水联合反冲，底部设反冲洗气、水装置。BIOCARBONE 属早期曝气生物滤池，其缺点是负荷仍不够高，且大量被截留的悬浮物集中在滤池上端几十厘米处，此处水头损失占整个滤池水头损失的绝大多数，滤池纳污率不高，容易堵塞，运行周期短。因此逐渐被上向流式曝气生物滤池所取代。

（2）BIOFOR

BIOFOR 结构示意图如图 3-16 所示。

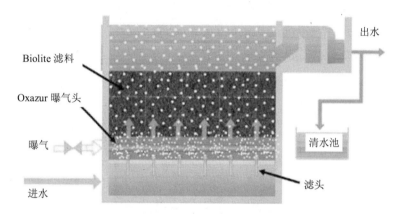

图 3-16　BIOFOR 曝气生物滤池

底部为气水混合室，之上为长柄滤头、曝气管、垫层、滤料。所用滤料密度大于水，自然堆积。BIOFOR 运行时一般采用上向流，污水从底部进入气水混合室，经长柄滤头配水后通过垫层进入滤料，在此进行 BOD、COD、氨氮、悬浮物的去除。反冲洗时，气、水同时进入气水混合室，经长柄滤头配水、气后进入滤料，反冲洗出水回流入初沉池，与原污水合并处理。BIOFOR 采用上向流（气水同向流）的主要原因有：① 同向流可促使布气、布水均匀；② 若采用下向流，则截留的悬浮物主要集中在填料的上部，运行时间一长，滤池内会出现负水头现象，进而引起沟流，采用上向流可避免这一点；③ 采用上向流，截留在底部的悬浮物可在气泡的上升过程中被带入滤池中上部，加大填料的纳污率，延长了反冲洗间隔时间。

（3）BIOSTYR

BIOSTYR 和 BIOFOR 不同的是采用密度小于水的滤料，一般为聚苯乙烯小球。运行时采用上向流，在滤池顶部设格网或滤板以阻止滤料流出，正常运行时滤料呈压实状态，反冲时采用气水联合反冲，反冲水采用下向流以冲散被压实的滤料小球，反冲出水从滤池底部流出，其余跟 BIOFOR 相似。

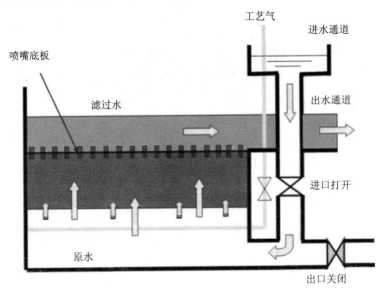

图 3-17　BIOSTYR 曝气生物滤池

① 配水和进水

一级或二级处理出水通过配水堰均匀地分配到各个滤池的进水渠中，然后通过进水渠（管）重力流入滤池底部的配水渠，在进水渠或管上安装有自动闸板或阀门，用于某些情况下的停止进水（比如在反冲洗过程中），污水通过滤池底部的配水渠进入到整个滤床底部，这些设计保证了滤池在整个截面上的均匀配水。与重质滤料的上向流滤池不同，该滤池的水头保证了进水配水的均匀性，不再需要滤头配水，无滤头配水不容易引起堵塞，也就不需要滤池进水处 2 mm 的超细格栅。

② 滤料

该滤料的粒径小、形状一致，密度 < 1 g/cm³，具有如下特性：滤料比表面积 > 1 000 m²/m³，具有较高的净化能力，对 BOD 和氨氮处理负荷高；机械性能和理化性能好，具有弹性，不易磨损；原材料为国内的工业原料，可国内生产，易于运输；由于滤料不易磨损和流失，因此滤料损失极小，同重质滤池的定期更换相比，滤料基本不需要更换，长期运行滤料补充费用极低。

③ 生化反应

以上述滤料作为微生物的载体，其巨大的表面附着了大量微生物，在底部曝气供氧的作用下，COD 和 BOD 被降解，氨氮则被氧化成硝酸盐氮。

在需要进行硝化反硝化的情况下，处理出水需要部分回流以提供硝态氮，回流水和原水在进水渠中混合后进入滤池。在传统硝化反硝化生物滤池中，污水首先进入滤床下部的缺氧区，在此进行反硝化反应，将回流水中的硝态氮转化为氮气去除；然后进入上部的好氧区，在此将含碳污染物分解，将氨氮转化为硝态氮。在同时硝化反硝化生物滤池中，滤料生物膜外层中的硝化菌将氨氮转化为硝态氮，而内层中的反硝化菌将硝态氮转化为氮气去除。

由于硝化、反硝化反应机理受进水水温的影响很大，因此进水水温低将明显影响生化反应的池容。由于在滤池中的微生物是固定在载体上，而不像活性污泥法悬浮在水中，因此其单位体积内的生物量极大，提高了处理效率，增强了对外界气候变化冲击的耐受能力。

④ 滤池的处理出水

漂浮的滤料被混凝土滤板阻挡在滤池中，滤板上安装有滤头使处理后的出水流出，同时防止滤料流失。由于这些滤头只与处理后悬浮物很低的出水接触，因此避免了堵塞；同时，由于这些滤头上没有滤料，故很容易通过降低滤板上部水位来进行滤头更换和日常维护。

滤池滤板上部储存有一定高度的清水层，此清水层在一组滤池中是通过出水总渠连通的，水位高度由出水溢流堰控制，所储存的水量满足单格滤池一次反冲洗需要。

⑤ 反冲洗

反冲洗水洗强度可通过排水总管上的调节蝶阀在工艺调试期内设定，而反冲洗气则由位于工艺空气进气管上的气动调节蝶阀来控制，反冲洗水即滤池滤板上部储存的清水。反冲洗与正常过滤的方向相反并通过重力进行，因此不再需要专门的反冲洗水泵。

每个滤池中的空气分配管路将在滤池反洗过程中进行定期吹扫，以避免堵塞。吹扫管道上装有气动阀用来控制曝气管路的自动吹洗，空气管路的吹扫在滤池过滤和反冲洗气洗阶段通气前进行。出于安全考虑，这个气动阀门在断气时将关闭。吹脱废水直接排入BIOSTYR 系统中。

与重质滤料滤池采用同向流反冲洗不同，定期的逆向流反冲洗可以去除过剩的生物膜和所截留的悬浮物，而不需要使其通过整个滤床。向下的水冲洗可在最短路线内把截留物冲出滤床，并且是截留物重力落下的方向，节约能耗且效率高，从而有效去除剩余生物膜。

⑥ 滤池的曝气

每组滤池的工艺空气和反冲洗空气一般由同一组单级离心鼓风机提供,鼓风机连续工作。在传统硝似反硝化型的滤池中,布气管网是分开的,并且由阀门进行切换;而在同时硝似反硝化(包括硝化滤池和专门的反硝化滤池)的滤池中,工艺空气和反冲洗空气采用同一布气管网,供气由滤池入口的调节阀调节。

BIOSTYR 生物滤池采用 304L 不锈钢穿孔管曝气,其曝气效率很高,可以达到膜式微孔曝气头的曝气效率,这是因为效率的高低不仅取决于曝气设备本身,还取决于滤料、滤池结构和微生物对氧的吸收利用率问题。

3.4.3　低能耗自循环污水处理技术

3.4.3.1　概述

低能耗自循环污水处理技术是传统的好氧附着式的单程生物滤池的变形。其处理生活污水伴随着物理、化学和生物处理过程,并且出水水质良好,能够达到污水的一级排放标准。最早设计循环砂滤池的目的是减轻传统生物滤池所散发出来的臭味。循环使得滤床上的布水含氧量增加,从而降低臭味,如图 3-18 所示。

该技术能很好地处理小水量(10~250 m^3/d)的生活污水。对于公园、小社区、农村居民区、小城镇等地区的污水处理工艺,该技术是非常理想的选择。良好的出水水质,较小的占地面积,较低的运行成本,自动控制,无人看管,只需要定期巡查即可,不需要专业的技术人员,以上这些优点使该项技术具有很好的处理小城镇和农村生活污水的能力。砂滤池的滤料可以使用很多种，如石块、砾石和各种型号的沙子；或者是一些新型的滤料，包括纤维滤料、泡沫、泥炭。也有研究表明可以用一些回收的碎玻璃。

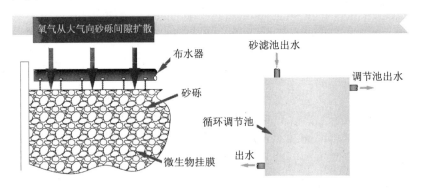

图 3-18　低能耗自循环污水处理技术

3.4.3.2　工艺特点

（1）设计规模小，适合城乡结合部、农村污水水量小的特点，基建费用较低；唯一的能耗单元为进水池中的回流泵，无须曝气等其他环节的能耗，运行费用较低。

（2）针对污水水量日变化幅度较大的特点，循环砂滤池的调节池单元利用溢流堰对水量进行调节，极大地缓和了水力冲击负荷，使整个系统持续有效地运行。

（3）由于污染物负荷不高，对污染物进行砂滤处理较为经济、简便，同时采用多次循环处理，保证出水水质的达标。

（4）低能耗自循环处理技术能耗设备为调节池中的回流泵，且无须其他自控设备，不需安排专门的技术人员进行运行、维护管理。

3.4.3.3　工艺流程

　　该技术有 4 个基本的组成部分：预处理系统（一般为化粪池）、进水池、调节池和砂滤池。污水的预处理可以减少一部分的 BOD 和悬浮固体，对于砂滤池是很有必要的。预处理可以是化粪池或是平流沉砂池。然后预处理系统的出水进入到进水池与调节池中的水混合稀释后抽送至砂滤池进行处理。调节池的另一部分水经消毒后直接排放，如图 3-19 所示。

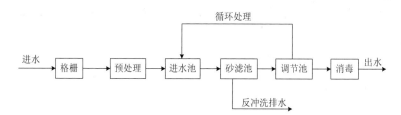

图 3-19　低能耗自循环处理工艺简图

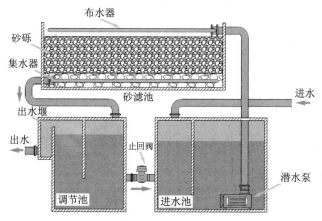

图 3-20　低能耗自循环处理设备图

（1）预处理系统

预处理系统对于所有形式的砂滤系统都是非常必要的。预处理系统的目的是防止悬浮的固体污染生物滤池和防止高浓度的 BOD 导致的生物过量生长。为了达到这个目的，预处理系统必须提供一个静止的环境来促进悬浮颗粒的下沉，同时让进水与天然产生的厌氧细菌更好地接触。这些厌氧细菌可能是悬浮的也可能是在预处理单元的底层。成熟的元处理单元有很多种形式，例如化粪池、池塘等。但本书只推荐一种更为简单的形式——平流沉砂池。平流沉砂池是一个狭长的矩形池子，污水进入赤字，沿水平方向流至末端后经堰流板流出沉砂池。由于处理水量较小，所以沉砂池一般很浅，不超过 0.9 m。沉砂池土建费用低、能耗低，没有上述的厌氧过程，运行简单，适合农村污水的处理。

（2）进水池

经过预处理系统，污水流入进水池。进水池的地势要比砂滤池低，一般是设在地下。进水池中的水是两部分出水的混合液，即经过预处理的污水和经过砂滤池处理的滤液的混合液。进水池的稀释作用对出水水质有比较大的影响，池容越大出水水质越好。但是也要考虑到实际建设过程中的基建费用和占地，所以要找到一个保证出水水质前提下的最小容积。经实验证明，进水池的容积至少要大于或等于日总进水量，一般是日进水量的 1.5 倍。在进水池中装有潜水泵，它将进水池中的混合液抽送至砂滤池。同时在进水池中还设置有安全溢流堰，防止高峰进水量过大，导致进水直接从地表溢出。

（3）砂滤池的布水

潜水泵抽上来的混合液，通过布水器均匀地散布在砂滤池的表面。布水器上面的每根管子都设有间距相等的布水孔。由潜水泵抽送上来的污水，流经每个布水管，从布水孔均匀地流出，让污水与空气充分接触，增加了水中的溶解氧浓度。布水孔的分布不能过于密集，布水的水量也不宜过大。因为有可能会造成滤料孔隙都充满水，空气不能很好地进入滤料深层，导致厌氧环境的产生。在厌氧环境中微生物的活性降低，兼性的细菌都转变为厌氧菌。而厌氧菌的效率是很低的，还会产生有臭味的气体。布水孔也不能太小，过小的布水孔在寒冷的天气里容易结冰，所以也要保持一定的布水流速。

（4）砂滤池

砂滤池是该技术的核心处理单元。在砂滤池里发生最主要的物理、化学和生物的反应，从而去除污染物。砂滤池主要分为三层：最上层为布水层，一般为 0.2 m 厚，该层设置有布水器，其表面也可以用一层碎石包裹，起到保护布水器的作用，同时也有一定的保温作用；中间层为介质层，滤料就放在这一层中，污水在滤料上挂膜，该层厚度 0.6 m，比较合适，研究表明深度大于 0.6 m，处理效果也不会有太大的改变，因为深度增加会导致下层出现厌氧的环境，同时增加了基建费用和滤料的用量；最下层为承托层，一般为 0.3 m 厚，起到承托上层滤料的作用，砾石里面包裹着集水管。承托层的砾石很好地保护了集水管。

滤料是给微生物的好氧反应提供一个可以依附的载体。它不是简单地去除悬浮物的物理过滤，更重要的是生物的去除过程。所以滤料是砂滤池系统的重要元素之一，也是成本的重要支出之一。

理想滤料的要求是：

◆　有很高的比表面积；

◆　之间要有较大的空隙，让空气快速地渗透；

◆ 抗紫外线辐射，抗磨碎，有很好的牢固性；

◆ 在水中或酸性条件下要有很低的溶解性；

◆ 性价比高，最好是当地可用的现成的滤料。

这些通用的属性，使得可用在砂滤池滤料的种类繁多。大量的经验表明砂子和砾石是正确的选择。考虑到其抗有机负荷能力、耐久性、可维护性和成本，砂子和砾石的不同之处在于，砂子的粒径大约是 2 mm，而砾石的粒径是 5 mm。通过对传统的单程生物滤池的研究表明，相对粒径大的滤料，粒径大小在 0.3 mm 左右的滤料，能够有更好的处理效果。不过这种差距可以通过循环来弥补。一旦被证明不同的粒径可以获得相似的处理效果，则滤料的选择就会更倾向于延长使用寿命和减少维护的角度。随着粒径的增大，结垢的时间变长，对滤料的维护减少了，水力负荷增加，滤料的使用寿命增大，以及不易结冰。但是更高的循环比是必要的，结果反映在更高的能耗上，更高要求的布水也是必要的。粒径较小的滤料需用比较少的布水孔，因为渗滤速度比较慢，所以容易引起自然溢流。砂滤池的滤料粒径为 3～5 mm。

除了粒径，还有一项重要的滤料特性，就是滤料的均一度。为了防止小颗粒滤料的聚集而导致滤池堵塞的问题，所有的研究都建议要使用均一度高的滤料。均一程度的大小由不均匀细数（UC）来表征。允许的最大不均匀系数为 4，而实际运行中一般要求不均匀系数不超过 2.5。总的来说，不均匀系数越低，滤料越不易受到污染，稳定性更高，但是成本会有所增加。

为了使污水循环起来，就必须在过滤后将污水收集起来，与处理的污水完全混合，然后再送回到砂滤池，与生物再次接触。因此砂滤池的底部必须是不可渗透的，这样过滤后的液体才不会流失。

砂滤池的底部使用的是 PVC 的内衬，内衬的下部要打好土地基，要平整，在地基上要铺一层 50 cm 厚的沙子，然后才是 PVC 的内衬。内衬的上层是承托层，由粒径为 5～20 mm 的砾石组成，里面包裹着集水管道。集水管道的上面有狭长的细缝，让过滤后的水可以流进管道，而不能让细小的滤料进入集水管。

（5）调节池

经过集水管收集的砂滤池的滤液，通过重力作用先被送回至调节池。调节池的地势与进水池平行，在砂滤池下方。调节池主要的核心设计为溢流堰及池中的一竖隔墙。溢流堰主要用于控制水位。隔板则起到连通器的作用，防止砂滤池进入调节池的水直接经溢流堰流出，保证其部分经止回阀流入进水池继续循环处理。止回阀的作用是，只让调节池中的水流入进水池，而不让进水池中的水流入调节池。当进水水量增大时，调节池的水位同时上升，当液位高度超过溢流堰的高度后，则开始向外排水。由于整个调节池具有二沉池的作用，故出水的悬浮物也可稳定达标。由于进水池的水位低于调节池水位，因此，调节池的水在重力作用下流入调节池，实现污水的循环处理。

3.5　新型沉淀技术

传统沉淀需要较长的停留时间，较大的池容。新型沉淀是在经过部分混凝的水中添加惰性压载剂和聚合物，促进絮体颗粒快速沉降，以期取得更好的沉淀效果。以添加微砂的代表工艺为阿克迪砂（Actiflo）工艺，添加污泥颗粒的代表工艺为高密度澄清池（DENSADEG），添加磁粉的代表工艺为磁混凝（CoMag）工艺。

3.5.1 阿克迪砂工艺

3.5.1.1 概述

阿克迪砂工艺是通过使用微砂（阿克迪砂）帮助絮体形成并快速沉降。阿克迪砂提供了加强絮凝所需的接触面积，并起到压载或加重作用来加快沉淀速度。阿克迪砂的最大优点是表面负荷高（一般为 80～120 m/h，最高可达 200 m/h），因此其工程造价和占地面积较传统工艺大大降低。细砂压载絮凝使其在处理污水时有如下优势：进水悬浮物浓度的变化对悬浮物去除率几乎无影响；处理高浊、高悬浮物污水的效果好；耐冲击负荷。当然在水质、水量波动的情况下，为保证处理效果，需对加药量稍作调整。总之，细砂的使用使絮体浓度更高，沉降速度也更快。

阿克迪砂工艺的沉淀池还有污泥浓缩功能。沉淀池上部为沉淀区，下部为污泥浓缩区。沉淀区平面一般采用正方形结构，以利于布置斜板和控制水流；浓缩区平面一般为圆形，以方便刮泥机工作。沉淀区与浓缩区之间有一过渡区。

3.5.1.2 工艺流程

该工艺主要包括混凝池、聚合物和细砂注入池、絮体熟化池以及斜管沉淀池。工作流程如下：

（1）预处理：污水在进入阿克迪砂工艺之前，首先经格栅去除粗大的悬浮物及杂质，以防堵塞后续设备。

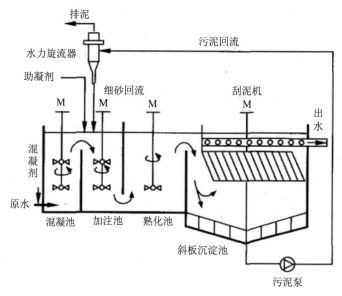

图 3-21　阿克迪砂工艺流程图

（2）混合反应：原水进入阿克迪砂池前投加混凝剂，混凝剂一般为氯化铁，主要作用是使悬浮颗粒脱稳。进入混合池进行快速混合、搅拌，使胶体颗粒脱稳，停留时间为 1～2 min。

（3）絮凝：在加注池中，有机高分子聚合物和细砂投加到经过快速混合的原水中。再通过聚合物的吸附架桥作用，该池中等强度的混合加速了絮体、悬浮固体和细砂之间的聚结，形成更大和更重的絮体。原水在该池的停留时间为 1～2 min。

（4）絮体熟化：形成絮体的原水进入絮体熟化池，搅拌强度进一步降低，池内的水力停留时间增加。缓慢的搅拌和较长的水力停留时间为细砂和脱稳的悬浮物形成以助凝剂为桥架的絮体创造了良好条件。细砂的比表面积较大，能加强助凝剂架桥和网捕脱稳悬浮物的能力，进一步强化了细砂压载絮凝（micro-sand ballasted flocculation）过程。到 4～6 min，絮体粒进一步变大、密实，有利于后面的沉淀。即使因为搅拌强度控制不当造成絮体的破碎，当搅拌强度降低破碎的絮体也可以迅速重新结合起来。

（5）高速沉淀：大量完整的细砂絮体离开熟化池后进入斜板沉淀池，大的絮体直接快速沉淀，小絮体和悬浮物则通过斜板去除，水流进入斜管沉淀池，澄清的水再进入到过滤单元，在沉淀池水流的上升流速高达 30～70 m/h，最终得到澄清出水。

（6）含细砂的污泥回流：含有细砂的沉降污泥由污泥泵连续泵入到系统上方的水力旋流器，在水力旋流器里借助离心力泥浆和细砂很好地被分离，泥浆从旋流器的上部流出进入排泥水处理系统，占回流量的 80%～90%；分离好的细砂则由旋流器的下部流出被注入絮凝池中循环使用，占回流量的 10%～20%。污泥回流率一般控制在 3%～6%的处理水量。

3.5.1.3　工艺结构及特点

阿克迪砂高速沉淀池具有沉淀速度快、处理效果好和耐冲击负荷能力强等特点，这得益于其与常规沉淀池不同的结构和工艺特点。

（1）混凝池。原水中的浊度物质是带有负电荷的自然微粒，这些微粒间互相排斥从而形成了高度稳定状态。通过投加混凝剂可使这些微粒脱稳。混凝剂投加到混凝池中，快速搅拌可以保证药剂快速和完全扩散。在该工艺中采用聚丙烯酰胺（PAM）作为助凝剂，投加量一般在 0.1 mg/L 左右。

（2）投加池。粒径为 100～150 μm 的微砂投到投加池中，微砂循环和补充可以增加凝聚的概率，确保絮状物的密度，以增加絮体形成和沉淀的速度。另外，对于通常由于低温水或泥浆水而导致的絮凝困难，投加微砂可以显著增大反应表面积而得到良好的处理效果。细砂的有效粒径很细（d_{10}=0.12 mm），98%～99%的细砂通过水力旋流器的有效分离得到循环使用，絮体另外需要的细砂补给量仅1～2.5 g/m³，即 10×10^4 m³/d 规模的水厂每天需要补充的细砂量为100～250 kg，增加的制水成本很小。

（3）熟化池（絮凝池）。熟化阶段的作用是为了形成大的絮凝体。得益于微砂的加速絮凝，在相同的沉淀性能情况下，其速度梯度相当于传统絮凝工艺的 10 倍。由于颗粒间碰撞概率的增加而引发的高絮凝动力效用，在搅拌时间有限和絮凝池体积有限的情况下，仍能达到良好的絮凝效果。在熟化池宽度方向上设浮渣槽，与气动刀闸阀连接。在正常运行状态下，浮渣槽淹没在水下。当有浮渣聚集时，气动阀打开，排除表层浮渣。

（4）沉淀池。沉淀效果的提高是基于微砂加速沉淀和斜管（板）的逆向流系统。在沉淀池安装有斜管，水流的上升流速很大，一般在30～70 m/h，沉淀时间短，占地面积省，是常规平流沉淀池的 1/50～1/5。

（5）微砂和污泥的分离。微砂和污泥被循环泵送入水力旋流器中，在离心力的作用下微砂和污泥分离。微砂从下层流出，直接再次投到投加池中；污泥从上层溢出，然后通过重力排放到后续污泥处理单元，其污泥排放浓度由进水悬浮物和回流率确定，可以根据实际需要调节控制排泥含固率为 0.4%～2%。

（6）自控系统。该工艺设计为自动控制，可以减少操作成本并确保满足水厂的出水要求。

3.5.1.4 处理效果

阿克迪砂工艺对生活污水或 CSO（combinedsewage overflow）污水中污染物的去除率：悬浮物为 85%～95%，BOD 为 50%～80%，总磷为 85%～95%，TKN 为 10%～20%。对于需要经常启动的场合，阿克迪砂既可以在高负荷的条件下进行微砂循环，也可以在上升速度低于 20 m/h 不使用微砂运行。这时，微砂只是以较低的流速停留在工艺中，直至需要时再次启动。因此，在这样的设置中，阿克迪砂变成了传统斜管沉淀池。

表 3-3　市政污水和工业废水的处理性能

	暴雨水	生物滤池反冲洗废水生物污泥	一级沉淀	三级沉淀
总悬浮颗粒物（TSS）	80%～98%	75%～99%	75%～90%	50%～80%
化学需氧量（COD）	65%～90%	55%～80%	55%～80%	20%～50%
总磷（TP）	50%～95%	50%～95%	50%～95%	50%～95%
正磷酸盐	50%～98%	50%～98%	50%～98%	50%～98%
粪大肠杆菌/（个/mL）*	lg1～lg1.5	lg1～lg1.5	lg1～lg1.5	lg1～lg1.5

注：* 细菌数量一般用对数（以 10 为底）进行表示。

3.5.2　高密度澄清池

3.5.2.1　概述

高密度澄清池（DENSADEG）是由法国得利满公司开发研制并

获专利的一种池型。在欧洲已经应用多年，该池表面水力负荷可达 $23\ m^3/(m^2 \cdot h)$，在水质适应性和抗冲击负荷能力上比机械搅拌澄清池更强、效率更高、出水水质更好、占地面积更小，而且在寒冷地区便于修建外围护结构保温。

高密度澄清池可用于饮用水澄清、三次除磷、强化初沉处理以及合流制污水溢流（CSO）和生活污水溢流（SSO）处理。该工艺现已在法国、德国、瑞士得到推广应用。

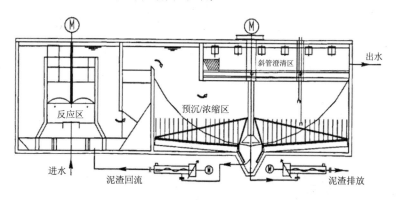

图 3-22　高密度澄清池

高密度澄清池结合了混凝、斜管沉淀、污泥回流等技术，从构造上主要分为反应区、预沉/浓缩区、斜管澄清区。其特点是絮凝污泥外部循环回流，可起到载体絮凝的效果，加快了絮凝过程并保证了生成絮体的质量。反应区主要分为快速搅拌反应池和慢速推流反应池，前者使原水与混凝剂充分混合，起到预混凝的作用；后者则通过慢速推流，使絮体得到充分的"生长"，整个反应区内可形成絮凝质量好、密度高、分离性能好的混合体系。充分混凝后的混合液进入预沉/浓缩区进行快速分离，上部的初沉水进入斜管澄清区以进一步去除水中的残留絮体，下部的泥浆经浓缩后被刮泥机刮入泥槽，部分污泥回流至进水中，剩余部分则排入污泥处理系统。高密度澄清池综合了斜管沉淀和泥渣循环回流的优点，其工作原理基于以下五个方面：

- 原始概念上整体化的絮凝反应池；
- 推流式反应池至沉淀池之间的慢速传输；
- 泥渣的外部再循环系统；
- 斜管沉淀机理；
- 采用混凝剂+高分子助凝剂。

3.5.2.2 工艺流程

高密度澄清池的工艺构成可分为反应区、预沉/浓缩区、斜管分离区三个主要部分。

（1）反应区

在该区进行物理与化学反应。反应区分为两个部分，具有不同的絮凝能量，中心区域配有一个轴流叶轮，使流量在反应区内快速絮凝和循环；在周边区域主要是柱塞流使絮凝以较慢速度进行，并分散低能量以确保絮状物增大致密。

加注混凝剂的原水经高密度澄清池前部的快速混合池混合后进入反应区，与浓缩区的部分沉淀泥渣混合，在絮凝区内投加助凝剂并完成絮凝反应。经搅拌反应后的出水以推流形式进入沉淀区域。反应池中悬浮固体（絮状物或沉淀物）的浓度保持在最佳状态。泥渣浓度通过来自泥渣浓缩区的浓缩泥渣的外部循环得以维持。

因此，反应区可获得大量高密度、均质的矾花，以满足接触絮凝要求。这些絮状物以较高的速度进入预沉区域。

（2）预沉/浓缩区

絮凝物进入面积较大的预沉区时流入速度放缓。这样可避免造成絮凝物的破裂及涡流的形成。也使绝大部分的悬浮固体在该区沉淀。沉降的泥渣在澄清池下部汇集并在刮泥机的持续工作中浓缩。浓缩区分为两层，分别位于排泥斗上部和下部。上层使循环泥渣浓缩。泥渣在该区的停留时间为几小时。部分浓缩泥渣在设于污泥泵房的螺杆泵的作用下循环至反应池入口，以维持最佳的固体浓度，使低浊水和短时高浊水均能在最佳浊度条件下被澄清。在某些特殊情况下（如流速不同或负荷不同等），可调整再循环区的高度。由于高度的调整必会影响泥渣停留时间及其浓度的变化。下层是产生大量浓缩泥渣的地方。浓缩泥渣的浓度可维持在 20 g/L 以上。

采用螺杆泵从预沉/浓缩区的底部抽出剩余泥渣，送至污泥脱水间直接进行脱水处理。

（3）斜管分离区

在逆流式斜管沉淀区可将剩余的絮状物沉淀。通过固定在清水收集槽下侧的纵向板进行水力分布。这些板有效地将斜管分为独立的几组以提高水流分配的均匀性，提高沉淀效率。澄清水由集水槽系统收集，絮状物堆积在澄清池的下部，形成的泥渣也在这部分区域浓缩，通过刮泥机将泥渣收集起来，循环至反应池入口处，剩余泥渣排放。

3.5.2.3　应用特点

高密度澄清池泥水混合物流入澄清池的斜管下部，泥渣在斜管下的沉淀区内完成泥水分离，此时的沉淀为阻碍沉淀；剩余絮片被斜管截留，该分离作用是遵照斜管沉淀机理进行的。因此，在同一构筑物内整个沉淀过程就分为两个阶段进行：深层阻碍沉淀、浅层斜管沉淀。其中，阻碍沉淀区的分离过程是澄清池几何尺寸计算的基础。池中的上升流速取决于斜管区所覆盖的面积。高密度澄清池具有以下优点：

（1）将混合区、絮凝区与沉淀池分离，采用矩形池体结构，池型简化；

（2）采用混凝剂和高分子助凝剂相结合，系统内形成均质絮状体及高密度矾花，加快泥水分离，沉淀后出水质量较高，浊度一般在 1NTU 以内；

（3）在浓缩区与混合部分之间设泥渣外部循环，部分浓缩泥渣由泵回流到反应池，与原水、絮凝剂充分混合；通过机械絮凝形成均质絮凝体及高密度矾花，大大提高了絮凝效果，缩短了机械搅拌阶段的絮凝时间，絮状物沉降性能大幅提高；

（4）沉淀部分设置斜管，进一步提高表面负荷；

（5）沉淀区下部按浓缩池设计，大大提高泥渣浓缩效果，含固率可达 2% 以上；

（6）通过泥渣层泥位界面的控制，运行工况可做到连续自动监控。

该工艺的特点是采用沉淀池的浓缩污泥作为回流介质。将沉淀浓缩后的污泥回流到进水端的方法，对水中颗粒物质粒径单一、分布稳定难以处理的低浊水体的混凝处理尤为有效。利用回流污泥，丰富了水中颗粒物的级配，并利用自身的吸附性能，帮助胶体颗粒脱稳，提高混凝效果，增加矾花密实程度。高密度沉淀池的上升流速可达 20～40 m/h，混凝过程水力停留时间缩短为 9～15 min，浓缩污泥浓度高达 20 g/L。同时，回流污泥由该工艺自身运行产生，无需额外投加，不但提高了处理效率，还降低了投药量，减少了运行成本。正因如此，高密度沉淀池适用于占地面积紧张、工程造价费用低以及对现有水厂进行优化改建等水处理领域。

3.5.3　磁分离技术

3.5.3.1　概述

磁分离技术全称是加载絮凝磁分离水处理技术，向水中投加混凝剂的同时投加纳米级磁粉，利用化学絮凝、高效磁聚结沉降和高梯度磁分离的技术原理，外部施加磁场，强化絮凝和磁聚结以达到高效沉降和磁过滤的目的。可用来去除污水中的悬浮颗粒、重金属、磷、藻类、浮油，甚至对一些病原微生物都有良好的处理效果。由于其具有操作方便、去除污染物种类繁多、节省占地面积等优点，是一项极具潜力的污水处理技术。

与常规的混凝沉降系统比较，磁分离技术可大大节约药剂使用量，仅为常规水处理加药量的 1/3～1/2，节省药剂费用。磁分离磁鼓分离出的污泥含泥率大于 7 000 mg/L，含水率约 93%（普通沉淀污泥含水率为 98%～99%），可不经过浓缩直接进入脱水设备，大大节省污泥浓缩池占地和污泥脱水设备选型时的大小。经过常规的压滤脱水后污泥含水率小于 65%，沉泥饼状，便于装卸外运。磁分离技术与传统混凝沉淀工艺经济技术对比（以 12 000 m³/d）如表 3-4 所示。

表 3-4　磁分离技术与传统混凝沉淀对比

项目	单位	磁分离	传统混凝沉淀	磁分离优势
处理水量	m³/d	12 000	12 000	
占地面积	m²	≤350	~1 500	占地节省 80%
HRT	min	3～5	60～90	时间缩短 95%
运行成本	元/t	0.1～0.26	～0.50	节省运行费 50%，药剂量节省 50%～60%
污泥浓度	mg/L	＞70 000	＞40 000	污泥浓度提高 75%，排泥无须浓缩，可直接脱水
施工周期	d	90	210	施工周期缩短 70%
自动化程度	—	高	高	
操作管理	—	方便	方便	

3.5.3.2　工艺流程

磁分离工艺包含药剂投加、磁絮凝反应、超磁分离、磁种循环、污泥处理五大系统。

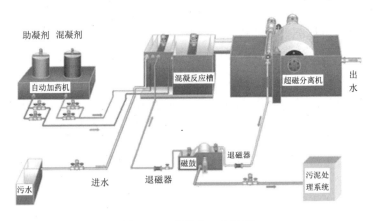

图 3-23　磁分离工艺流程

（1）药剂投加系统。在磁分离系统中需要投加一定量的混凝剂和助凝剂，通过药剂投加系统将混凝剂和助凝剂配制成一定浓度的溶液，然后通过计量后投入磁絮凝反应系统中。

（2）磁絮凝反应系统。磁絮凝是指向水体投加磁种及药剂（如混凝剂、助凝剂），通过药剂水解产生压缩胶体颗粒的扩散效应或药剂聚合反应形成的架桥作用实现污染水体的胶体脱稳，非磁性污染物即以磁种为"凝核"相互快速聚结，形成磁性絮体，以备下一步实现对污染物的吸附分离。

（3）磁分离系统。磁分离系统组成包括机架与水槽、磁盘机构、卸渣机构、输渣机构、传动系统等。经过磁絮凝后的污水流经磁盘机构的磁力吸附区间，磁性絮体将首先被吸附在磁盘表面上并随之转动，随后被带出水面，通过卸渣机构与磁盘分离，然后再通过输渣机构排出磁盘分离系统。"清洁"后的磁盘机构再次旋转进入污染水体对磁性絮体进行吸附打捞，周而复始地固液分离，实现污水净化的功能。

（4）磁种回收循环系统。磁种回收循环系统首先将磁性絮体破碎分解，破碎后的混合物流经特殊磁路设计的磁鼓，随着磁鼓定向旋转，磁种被分离卸载到磁种搅拌箱，均匀后自动返回磁絮凝反应系统，进入下一个循环投加流程，非磁性污染物分离后即通往排渣口进入污泥处理环节。

（5）污泥脱水系统。磁性絮体经过回收磁种后，剩余的污染物以泥渣的形式进入污泥处理系统。回收磁种后的污泥可直接进行脱水，省去污泥浓缩过程，节省脱水成本，污泥经无害化处理后即可实现资源回收再利用。

3.5.3.3　工艺特征

磁分离工艺流程及主要特点如下：

（1）处理水量大：单套超磁分离水体净化成套设备的处理能力可达 30 000 m³/d，是少数能够对工业及生活污水进行大规模处理的设备之一。

（2）净化时间短：污染物从反应到分离平均仅需 4～5 min，比传统重力沉淀快数十倍，比普通加载沉淀快 10 倍以上。

（3）设备配置效率高：在对成套设备进行移动式车载装配后，可实现快速部署和使用，从而高效应对水环境污染、地震灾害等引发的水处理应急需求。

（4）对主要污染物净化效果显著：针对污水中的悬浮物、总磷及化学需氧量平均去除率可达 90%～95%、80%～90%、40%～60%，净化效果显著，同时可有效去除水体的异色异味，可快速有效地改善城市水环境面貌、缓解环境压力。

（5）占地面积小：以处理能量为 12 000 m³/d 的超磁分离设备为例，其平均占地面积仅为 200 m²，较同样处理能力的传统沉淀池大幅减少，磁分离水体净化技术的这一特性使其在土地资源紧缺的城市进行市政污水处理设施建设和改造时具有明显优势，也使其成为煤矿矿井水井下处理的优势技术工艺。

（6）节省电能，后续运行成本低：超磁分离水体净化设备处理吨水的平均耗电量仅为 0.05 kW·h；运行维护成本低。

（7）出泥浓度高、尾泥易处理：由于磁盘分离净化的同时实现自沥水过程，经过磁分离处理后的出泥浓度平均达 70 g/L 以上，大大高于传统工艺的 10 g/L 左右，体积不到原来的 1/7，尾泥无须浓缩处理直接进入压滤环节，大幅节约了污泥占地及处理成本。

3.5.3.4　应用

在河道湖泊水和景观水治理方面，磁分离工艺可通过去除水中的悬浮物，快速净化水体，恢复水体功能，同时可除藻、除磷、防治富营养化。

2010 年，北京市北小河再生水厂对原有系统进行提标改造，超磁分离技术作为应急工程，成功地实现了 30 000 m³/d 市政污水的一级强化处理，有效地保证了建设期间对直排污水的高强度净化处理，极大地降低了环境污染。

近两年来，在北京河道、湖区、景观水综合治理领域里，超磁分离技术也大有作为，北京大兴新城滨河森林公园 25 000 m³/d 综合治理工程、北京远洋地产景观湖区 20 000 m³/d 综合治理工程、小汤山景观湖区净化工程等一系列工程项目的实施，使超磁分离水体净化技术的行业影响力不断扩大。

3.6　水力旋流器

3.6.1　概述

水力旋流器用于浓缩和去除污水中悬浮固体和漂浮物体。旋流器的设计引起悬浮固体在其中沉降，而大型漂浮固体则通过格栅去除。在合流制污水排放系统中，水力旋流器常常用于将合流污水中悬浮固体浓缩，经过浓缩后的污水排放到污水处理设施，而大量的经过稀释的污水则排放到受纳水体。出水可以根据实际情况决定是否消毒。一般情况下，水力旋流器不用于长距离污水管道系统。水力旋流器主要用于控制下雨情况下的合流制污水溢流。

水力旋流器是目前使用中较为有效的细粒分级设备。水力旋流器的构造比较简单，它的上端为一圆筒部分，其下为圆锥形容器。溢流污水以一定的速度（一般以 5~12 m/s）沿切线方向送入旋流器内，并获得旋转动力，因而产生很大的离心力（通常要比重力大几十倍乃至几百倍），在离心力作用下，较粗的颗粒抛向器壁，并于螺旋线的轨迹由溢流管排出。在暴雨天气，水力旋流器可用于初步分离合流制污水。

3.6.2 基本原理

旋流器是利用离心沉障原理从悬浮液中将两相（或多相）介质进行分离、分级或分选的一种设备。由于液体常为水介质，故又叫水力旋流器（或水力旋流分离器）。设备主体是由圆筒和圆锥两部分组成，悬浮液经入口管沿切向进入圆筒，向下做螺旋形运动，固相颗粒在离心力的作用下具有向旋流器壁沉降的趋向。粗颗粒由于受到较大的离心力作用，向旋流器壁面运动并随外旋流从旋流器底部排出形成底流；细颗粒则由于所受的离心力较小，来不及沉降就随内旋流从溢流管排出形成溢流。通过底流和溢流从而进行不同介质的分离。水力旋流器没有运动部件，典型的水力旋流器结构及其内部的主体流动过程如图 3-24 所示，水力旋流器的主要部件为进口、溢流管、柱段（旋流腔）、锥段及底流管。来料由进口切向进入旋流器内做螺旋运动（一般来说入口速度都大于 5 m/s），液体在腔内急剧旋转，产生强烈的涡流，并分为溢流和底流两部分，分别由溢流管和底流管排出。在水力旋流器内部，同时存在着向下运动的外螺旋和向上运动的内螺旋流动。

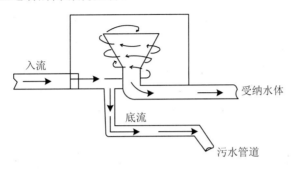

图 3-24　水力旋流器

3.6.3　工艺流程

水力旋流器为流通式结构，通常拥有一个进水口、两个出水口，分别排放浓缩污水和稀释后的污水。不同的厂商根据各自的设计特点来对固液分离和污染物的去除过程实现优化。一般的旋流器通常配有格栅、挡板，用于阻挡污水中漂浮的粗大杂物。在某些旋流器中配有漂浮吸附剂，用于去除无水中的油和油脂。

旋流器的尺寸范围和处理能力范围较大。水力旋流器基本的流程如图 3-24 所示。

（1）雨天过量雨水沿进水管道切方向进入旋流器装置。

（2）速度的差异引起污水在分离器中螺旋运动，形成旋涡。

（3）惯性、重力和向心力使较重的固体颗粒沉降到旋流的中心和底部。清液通过涡流向上，到达出水口，然后排放。

（4）浓缩的污水，其中较重的固体颗粒和碎屑变成底流，并通过污水渠出口在分离器的底部排出，并送到污水处理厂进行处理。

当旋流器处理容量已满时，多余的污水将通过旋流器顶部的溢流口直接排放到受纳水体。当雨量减少，旋流器处理量低于溢流水平时，污水不再溢流。

有时为了公众健康，水力旋流器出水须进行消毒处理。可向反应池中注入次氯酸钠，达到对水体消毒的目的。为防止中毒，含氯出水需进行脱氯处理。此外，旋流器出水也可以通过紫外线消毒。如果旋流器的设计包括一个储槽存储固体，则应当在下一次下雨前提前移出存储的固体。

3.6.4 工艺特点

水力旋流器最大的优点是能够在暴雨天气对溢流污水进行初步处理，去除悬浮固体和浮渣——这些都是导致污水溢流最明显并且不美观的因素。一旦水流进入水力旋流器，就能开始分离污水中的悬浮固体和浮渣。水力旋流器的其他优势包括：

- 维护简单，水力旋流器没有可以移动的部件被磨损或损坏，能在干燥天气和暴雨天气正常运行；
- 水力旋流器有较大的水力负荷；
- 占地小，节省空间。

水力旋流器应用在控制溢流中最主要的缺点是该方法并不能消除溢流或者减少溢流的体积；该方法只是就悬浮固体、与悬浮固体结合的污染物和浮渣而言，减少了其排放强度。其他的缺点包括：

- 对于细颗粒和溶解性有机物的去除率低甚至没有。
- 消毒困难，由于湿天气产生较大的溢流体积，对消毒来说接触时间短、空间小、消毒不彻底。
- 在流量极高或最初的溢流中可能无法拦截浮渣，由于急流将其带走并绕过拦截浮渣的挡板和出水堰。

◆ 水力旋流器需要定期清理以达到最优的去除能力。

3.6.5　应用

水力旋流器以较小的费用为溢流污水提供了适度的处理。在合流制污水系统中，水力旋流器可以单独作为溢流控制手段，或者也可以与其他控制手段相结合。当水力旋流器单独使用时，可以有效地控制悬浮固体和浮渣，并且减少与固体结合的污染物，如一些沉积的重金属。水力旋流器能在原位控制污水溢流，减少浮渣排放，这对公共场所的美观来说尤为重要。如果没有消毒单元与水力旋流器相结合，则其减少溶解性污染物或病原菌的能力是很有限的。当水力旋流器与其他控制手段相结合的时候，水力旋流器的位置非常重要。因为其设计目的是用于去除悬浮固体和浮渣的，不应该放置在其他相同功能设施的末端，例如沉淀池。

水力旋流器常用于无任何处理溢流设施的地方，应用水力旋流器时应注意的事项有：

（1）水力旋流器不需要动力设备，因为分离固体的动力来源是水流，因此最大化利用水力旋流器应该要消除可能对水流流速有影响的因素；

（2）相对于蓄水设施来说，水力旋流器所需面积小，因为其分离溢流污水而不是存储它；

（3）该单元的直径从 2 英尺①到大于 40 英尺不等，且一般设置在地下；

---

① 1 英尺=0.304 8 m。

（4）在可能建设水力旋流器地点的土壤条件和基岩深度对该方法的适用性和建设成本有影响；

（5）水力旋流器可以是预建制或者现场建制，可以由混凝土、高密度聚乙烯（HDPE）、铝或者不锈钢制成。

由于旋流分离技术具有分离效率高、操作方便、工艺简单、结构紧凑、设备体积小、重量轻、占地少、无运动部件及使用寿命长、易于实现连续化操作及自动控制等优点，在国内、国外的化工、石油、矿山、水处理、粉末工程、金属加工、食品、环保等领域得到广泛应用，并且应用范围还在扩大。

3.7 河道曝气技术

3.7.1 概述

根据国外河道曝气的工程实践，河道曝气一般应用在以下两种情况：第一种是在污水截流管道和污水处理厂建成之前，为解决河道水体的有机污染问题而进行人工充氧，如德国莱茵河支流 Emscher 河的情况；第二种是在已经过治理的河道中设立人工曝气装置作为对付突发性河道污染的应急措施。突发性河道污染是指连续降雨时，城市雨—污混合排水系统溢流，或企业因发生突发性事故排放废水造成的污染。另外，在夏季因水温较高，有机物降解速率和耗氧速率加快，也可能造成水体的溶解氧降低。以上两种情况发生后，进行河道曝气复氧是恢复河道的生态环境和自净能力的有效措施。

3.7.2　基本原理

河水中溶解氧的含量是反映水体污染状态的一个重要指标，受污染水体溶解氧浓度变化的过程反映了河流的自净过程。当水体中存在溶解氧时，河水中的有机物往往为好氧菌所分解，使水中溶解氧含量下降，浓度低于饱和值，而水面大气中的氧就溶解到河水中，补充消耗的氧。如果有机物含量太多，溶解氧消耗太快，大气中的氧来不及供应，水体的溶解氧将会逐渐下降乃至消耗殆尽，从而影响水生态系统的平衡。当河水中的溶解氧耗尽之后河流就出现无氧状态，有机物的分解就从有氧分解转为无氧分解，水质就会恶化，甚至出现黑臭现象。此时，水生态系统已遭到严重破坏，无法自行恢复。由此可见，溶解氧在河水自净过程中起着非常重要的作用，并且水体的自净能力直接与曝气能力有关。

河水中的溶解氧主要来源于大气复氧和水生植物的光合作用，其中大气复氧是水体溶解氧的主要来源。大气复氧是指空气中的氧溶于水中的气—液相传质过程，这一过程也可称为天然曝气。但是，如果单靠天然曝气作用，河水的自净过程将非常缓慢。当河水受到严重的有机污染，导致污染源下游或下游某段河道处于缺氧或厌氧状态时，如果在适当的位置向河水进行人工充氧，就可以避免出现缺氧或厌氧河段，使整个河道自净过程始终处于好氧状态。因此，可以采用人工曝气的方式向河流水体充氧，加速水体复氧过程，提高水体中好氧微生物的活力，以改善水质。

此外，如果向一条已遭受严重有机污染且处于黑臭状态的河道进行人工曝气时，充入的溶解氧可以迅速地氧化有机物厌氧降解时产生的硫化氢、甲硫醇及硫化亚铁等致黑、致臭物质，有效地改善、缓和水体的黑臭程度。

3.7.3 技术分类

根据需曝气河道水质改善的要求（如消除黑臭、改善水质、恢复生态等）、河道条件（包括水深、流速、河道断面形状、周边环境条件等）、河段功能要求（如航运功能、景观功能等）、污染源特征（如长期污染负荷、冲击污染负荷等）的不同，河道曝气复氧一般采用固定式充氧站和移动式充氧平台两种形式。

（1）固定式充氧站

这是在需要曝气增氧的河段上安装的固定曝气装置，可以采用不同的曝气形式。通常分为鼓风曝气、纯氧曝气、机械曝气。

- ◆ 鼓风曝气：即在河岸上设置一个固定的鼓风机房，通过管道将空气或氧气引入设置在河道底部的曝气扩散系统，达到增加水中溶解氧的目的。这种曝气形式一般由机房（内置鼓风机）、空气扩散器和相关管道组成。

- ◆ 纯氧曝气：纯氧曝气系统的氧源可采用液氧或利用制氧设备（PSA）制氧，分为纯氧微孔布气设备曝气系统（由氧源和微孔布气管组成）、纯氧混流增氧系统（由氧源、水泵、混流器和喷射器组成）两种形式。

- ◆ 机械曝气：将机械曝气设备（多为浮筒式结构）直接固定安装在河道中对水体进行曝气，以增加水体中的溶解氧，也分叶轮吸气推流式曝气器和水下射流曝气器两种形式。

当河水较深需要长期曝气复氧，且曝气河段有航运功能要求或有景观功能要求时，一般宜采用鼓风曝气或纯氧曝气的形式，即在河岸上设置一个固定的鼓风机房或液氧站，通过管道将空气或氧气引入设置在河道底部的曝气扩散系统，达到增加水中溶解氧的目的。这种曝气形式一般由机房（内置鼓风机或纯氧设备）、空气（或氧气）扩散器和相关管道组成。德国在 Emscher 河、Teltow 河、Fulda 河的治理中分别建立的曝气设施采用的就是纯氧曝气形式，即采用液氧为氧源。通过管道式布气扩散系统对河道进行人工充氧，有效地满足了水体的需氧要求。而当河道较浅，没有航运功能要求或景观要求，主要针对短时间的冲击污染负荷时，一般采用机械曝气的形式，即将机械曝气设备（多为浮桶式结构）直接固定安装在河道中对水体进行曝气，以增加水体中的溶解氧。

（2）移动式充氧平台

移动式充氧平台即指在需要曝气增氧的河段上设置的不影响河道航运功能，并且可以自由移动的曝气增氧设施。国外报道较多的是曝气船。这种曝气形式的突出优点是可以根据曝气河道水质改善的程度，机动灵活地调整曝气船的运行，从而达到经济、高效的目的。德国在 Saar 河、英国在 Thames 河口、澳大利亚在 Swan 河的治理中均采用了这种方式。

3.7.4 充氧设备选型

各种河道曝气充氧设备的优缺点和适用范围见表 3-5。

当河水较深，需要长期曝气复氧，且曝气河段有航运功能要求或有景观功能要求时，一般宜采用鼓风曝气或纯氧曝气的形式。但是，该充氧形式投资成本太大，铺设微孔曝气管需抽干河水、整饬河底，工程量很大，在铺设过程中水平定位施工精度要求较高。

表 3-5　充氧设备对比表

曝气类型	曝气设备	特点	适用范围
鼓风曝气	鼓风机—微孔布气管 纯氧—微孔布气设备	占地面积大，投资大，施工要求高，噪声大； 占地省，运行可靠，无噪声，充氧效率高	郊区不通航河流、有航运需要的干流
机械曝气	叶轮吸气推流曝气器 水下射流曝气器	占地省，安装维修方便；叶轮易被堵塞缠绕，易起泡沫，影响美观和航运 不占地，噪声小，充氧效率高；维修麻烦	城区小型河道，尤其是居民区的河道
移动曝气	曝气船	可自由移动，经济、高效，有航运要求	城区主干河道

当河道较浅，没有航运功能要求或景观要求，主要针对短时间的冲击污染负荷时，一般采用机械曝气的形式。这种曝气形式优点明显，又非常适合中小河道的特点。但对机械曝气的设备还需要进一步改进，尤其需重点考虑如何消除曝气产生的泡沫、与周围景观相协调需重点考虑。

当曝气的河段有航运功能要求，需要根据水质改善的程度机动灵活地调整曝气量时，必须考虑可以自由移动的曝气增氧设施。对于较大型的主干河道，当水体出现突发性污染、溶解氧急剧下降时可以考虑利用曝气船曝气复氧。选择曝气船充氧设备时，考虑到充氧效率、工程河道情况、曝气船的航运及操作性能等因素，通常选择纯氧混流增氧系统。

3.7.5　应用案例

（1）清河的曝气试验工程

1990 年为保证亚运会的顺利进行，北京市在清河一个长约 4 km 的河段中利用原有水工设施建起了河道曝气试验工程。工程运行约 47 d，基本消除了曝气河段的臭味，BOD_5 的去除率达 74.7%～88.2%，COD_{Cr} 去除率达 79.9%～84.8%，悬浮物去除率达 76.7%～81.9%，氨氮去除率达 45%。曝气区的溶解氧从 0 上升到 5～7 mg/L，曝气区邻近区域的溶解氧上升到 4～5 mg/L。受污染河水经处理后，主要水质指标均达到或高于国家 V 类水域的水质标准。

（2）德国 Saar 河的曝气治理

德国 Ssar 河由于航道拓宽、建坝调节航运等原因，水流速度降低，导致水体的自然净化能力降低，因此考虑人工复氧措施提高水体中的溶解氧含量。联邦政府优先资助了多种曝气方式中的一种：曝气船移动式充氧装置用于在紧急情况下对局部河段实施有目的复氧。曝气船"Oxygenia"设计中采用液氧为氧源，设计充氧能力为 500 m³/h，由渡轮改装，船长 26.56 m、宽 10.15 m，改装后完全符合有关部门安全航运的要求。在正式投入运行前进行了优化航行试验。在试验中不间断测定水温、溶解氧（DO）值，并与模型试验比较，还分别测定了船速为 1.45 m/s、1.5 m/s、2.5 m/s 时的增氧量（ΔDO）与供氧量的关系，确定了最佳 ΔDO 值为 3 mg/L。该系统于 1988 年夏天正式启用，白天或黑夜运行，共运行 24 d，每天运行时间为 2～10 h 不等，总耗氧量为 10 万 m³。Oxygenia 的实际运行证明了其可行性，有效防止了 Saar 河水质变坏。

（3）泰晤士河的曝气治理

泰晤士河河口增氧设施在暴雨期间，地表径流、污水处理厂排水增加、混合污水溢流等原因使排入泰晤士河河口污染负荷增加，导致水体中溶解氧浓度迅速下降，并时常引起鱼类的窒息死亡。为防止这类情况发生，泰晤士河水务局考虑向河道中进行人工增氧，并最终确定制造一条机动曝气船，并于 1980 年下水。该船采用 PSA 制氧，同时附装 VITOX 注氧设备。在为期 2 年的试用期里，采用多种方法测定了 VITOX 系统的溶氧效率。所有的试验数据均表明，每天有 5～7 t 的纯氧溶于河水中。根据 1981 年 8 月进行的一次溶氧量测量，曝气船在河流缺氧段提供了额外的 6.8% 的溶氧量。当试用期完成后，曝气船即被纳入伦敦环保单位的策略管理系统。曝气船提供了一种机动、有效、快速地解决暴雨污水引起河流急剧缺氧的方法。

3.8 除臭技术

3.8.1 概述

除臭工艺方法可以分为吸收吸附法和燃烧法两大类，常见的方法有化学除臭法、燃烧除臭法、活性炭吸附除臭法、天然植物提取液喷洒除臭法、高能离子除臭法和生物除臭法等。

3.8.2 技术分类

3.8.2.1 化学除臭法

化学除臭法是利用化学介质（NaOH、NaCl 或 NaClO）与 H_2S、

NH_3 等无机类致臭成分进行反应，从而达到除臭的目的。该法对 H_2S、NH_3 等的吸收比较彻底，速度快，但对硫醇、挥发性脂肪酸或其他挥发性有机化合物的去除比较困难，不能保证完全消除异味。另外，由于在实际运行中需要针对污染物的成分采用几种药剂分级吸收处理，增加了安装和运行费用，很容易造成二次污染，现在已较少使用。

3.8.2.2　燃烧除臭法

燃烧法分为直接燃烧法和触媒燃烧法。直接燃烧法是使臭气在高于 600℃ 的情况下燃烧达到除臭的目的。与直接燃烧法相比，触媒燃烧法在燃烧过程中使用了催化剂，可有效降低臭气燃烧的温度，减少臭气燃烧的反应时间。理论上触媒燃烧法更为经济有效，但是实际上触媒燃烧法也存在催化剂中毒、堵塞等需要解决的问题。燃烧法初期设备投资较大，而且如果不回收热值，其运行成本也相当高。因此，总体来说燃烧法较适合于处理高浓度、高热值的废气，在城市污水除臭中应用较少。

3.8.2.3　活性炭吸附除臭法

活性炭吸附除臭法是利用活性炭能吸附臭气中致臭物质的特点，在吸附塔内设置各种不同性质的活性炭，致臭物质和各种活性炭接触后排出吸附塔，达到脱臭的目的。活性炭达到饱和后，需通过热空气、蒸汽或氢氧化钠浸没进行再生或替换。活性炭的再生与替换价格较昂贵、劳动强度大且再生后的活性炭吸附能力降低。

活性炭几乎可以用含有碳的任何物质做原材料来制造，其制备过程主要包括炭化和活化两步：碳化也称热解，是在隔绝空气的条件下对原材料加热，一般温度在 600℃以下；活化是在有氧化剂的作用下对碳化后的材料加热，以生产活性炭产品。活性炭在制造过程中，其挥发性有机物被去除，晶格间生成空隙，形成许多形状各异的细孔。其孔隙占活性炭总体积的 70%～80%，每克活性炭的表面积可高达 500～1 700 m²，但 99.9%都在多孔结构的内部。活性炭的极大吸附能力即在于它具有这样大的吸附面积。活性炭的孔隙大小分布很宽，从 10^{-1}nm 到 10^4nm 以上，一般按孔径大小分为微孔、过渡孔和大孔。在吸附过程中，真正决定活性炭吸附能力的是微孔结构。活性炭的全部比表面几乎都是微孔构成的，粗孔和过渡孔只起着吸附通道作用，但它们的存在和分布在相当程度上影响了吸附和脱附速率。

国内生产的活性炭基本上是广谱吸收型的，对所有的污染物都能吸收，但去除率较低。在实际工程应用中一般采用不同性质的活性炭，分别去除中性、酸性和碱性的臭气物质。近年来国外一些公司进行了催化活性炭的研究，催化型活性炭是烟煤基带增强催化能力的颗粒活性炭，在吸附过程中催化型活性炭将 H_2S 与氧都吸附在其表面上，发生催化氧化作用，产生 90%以上的 H_2SO_4 和少量的 H_2SO_3 和 S。

催化型活性炭具有一定的除臭效率，可处理多组分的恶臭气体，但费用比较昂贵，吸附饱和后需要反冲洗再生，再生后的吸附能力明显降低，而且一般最长使用寿命只有 5 年。同时，对待处理的恶臭气体要求高，如臭气温度不能太高，以免影响吸附；不能有较高的含尘量，否则很容易堵塞填料床，系统压力损失增加。

由于运行费用高，活性炭法一般应用于风量较小、臭气浓度较低、出气要求较高的废气处理，也经常作为其他除臭方法的后处理。

广州市猎德污水处理厂污水泵站采用催化型活性炭除臭装置对产生的臭气进行净化。结果表明，催化型活性炭除臭系统对泵站的主要恶臭污染物 H_2S 和 NH_3 的平均去除率分别为 97.9%和 86.7%，对臭气浓度的平均去除率为 87.4%；厂界的 H_2S 及 NH_3 浓度均可达到《城镇污水处理厂污染物排放标准》（GB 18918—2002）的要求。反冲洗再生频率、压降和气体停留时间是影响除臭效果的主要因素。

3.8.2.4　天然植物提取液喷洒除臭法

天然提取液喷雾法的天然提取液是从 50 多种天然植物中提取而成。提取液中含有大量活性因子。其除臭机理如下：

经雾化的除臭剂液滴＜0.04 mm，具有很大的比表面积和表面能，平均每摩尔为几十到几百千焦耳。这个能量是许多分子中键能的 1/3～1/2。液滴的表面不仅能有效地吸附空气中的异味分子，同时也能使被吸附的异味分子的立体构型发生改变，削弱了异味分子中的化合键，使异味分子的不稳定性增加，更易与其他分子进行化学反应。除臭剂大多含有多个共轭双键体系，具有较强的提供电子对的能力，增加了异味分子的反应活性。因此吸附在除臭剂表面的异味分子可在常温下与氧发生反应。

天然植物提取液除臭剂有如下特点：

（1）安全无毒性：经严格的测验以及大量的实践证明，其对人体和动物是无害、无毒的，不会引起皮肤或呼吸系统过敏，不会引起各种不良反应。

（2）无二次污染：植物提取液除臭剂为有机成分，具有可生化性，即能够自行降解，因而不会带来二次污染。

（3）投放量相对少：使用少量植物提取液除臭剂，就能实现大面积臭气的净化作用。

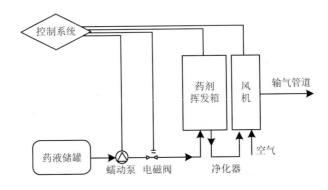

图 3-25 天然植物提取液除臭原理图

除臭剂种类很多，可根据不同的臭气源调整除臭配方。植物提取液除臭剂是一系列植物提取液复配而成的，这些植物提取液是从树、草和花等植物中提取的含有气味的有机物。这些有味的有机化合物含有大量的复杂化合物，它们都是绝大多数植物油的主要成分，简单地可以分成以下四大类：

（1）萜烯类：这类天然存在的化合物是植物油中的最重要的成分，它们都有相同的经验式 $C_{10}H_{16}$，如蒎烷、薄荷烷。

（2）直链化合物：组成这一部分的化合物有醛、醇和酮，它们存在于一系列由水果中提取的可挥发的植物油中，如葵醇、月桂醇。

（3）苯的衍生物：这些化合物与从苯（特别是从丙苯）衍生出来的化合物有相同的分子式，如乙酸酯。

（4）其他化合物：如香草醛、肉桂酸和甲酸香叶酯等。

在应用中，提取液通常经过微乳化技术乳化，雾化后的提取液均匀分散在空气中，与臭气分子充分接触、捕捉并去除臭气分子，以达到除臭的目的。此种方法方便易行，但是对臭气的去除率一般；在运行过程中需要消耗大量的提取液，运行成本较高；雾化提取液本身对厂区设备和场内工作人员的身体健康都有一定影响，因此其应用也较少，一般只作为应急措施。

3.8.2.5 生物除臭法

生物除臭法是通过微生物的生理代谢将恶臭物质加以转化，达到除臭的目的。目前多采用生物滤池法。

生物滤池除臭是用风机将臭气收集起来，经水洗湿润、除尘后输送到装有生物填料的除臭塔，废气经过填料滤层时，恶臭物质被微生物分泌的胞外多聚物吸附并被吸收进入微生物细胞内，在各类酶的催化作用下，经不同的生理代谢途径被分解为简单的无机物。

生物学作用是一个酶促反应过程，可以在相当短的时间内完成，反应速度迅速，反应条件温和，不需要高温、高压等剧烈的条件。生物滤池的填料必须能为微生物提供良好的附着载体，并为微生物提供生长所需的碳源、微量元素等营养，同时还能保持微生物生长环境的相对稳定，如 pH 值等。

国外对生物滤池的研究较早，其在污水处理厂的应用实例也较多。广东省微生物研究所对垃圾压缩站和城市污水处理厂除臭生物滤池中的除臭微生物进行了研究，并有成功应用到工程实例的报道。青岛市团岛污水处理厂、罗芳污水处理厂二期工程厌氧池、泉州市北峰污水处理厂、泉州市城东污水处理厂均采用生物滤池除臭。罗芳污水处理厂二期工程厌氧池除臭设备进气 H_2S 为 0.75 mg/m^3、$NH_3\text{-}N$ 为 0.5 mg/m^3，经生物滤池除臭，H_2S 和 $NH_3\text{-}N$ 除臭效率分别为 93.3% 和 90%。

3.8.2.6 高能离子除臭法

高能离子法是通过高频高压电场将空气激发为强氧化基团，再通过高能电场加速器将活性基团进一步激发并发射出高能离子，高能离子束与高能紫外线产生光化学反应，使空气当中的恶臭气体快速打开化学键，分解成 CO_2、SO_4^{2-}、NO_3^- 和水等；离子发生装置发射离子与空气中尘埃粒子及固体颗粒碰撞，使颗粒荷电产生聚合作用，形成较大颗粒靠自身重力沉降下来，达到净化目的。高能离子还可以有效降低室内细菌浓度，将恶臭物质转变成无臭或弱臭物。

高能离子法对多种恶臭气体都有去除效果，设备简单，运行管理方便。然而在实际运行中，高能离子净化法效果欠佳，原因如下：

（1）臭气经过高能离子净化器后直接排放，这种运行模式下恶臭气体与高能离子没有足够的反应时间，大部分高能离子并没有与恶臭气体接触便在大气中衰减；

（2）高能离子的衰减速率较快，实际释放出来与恶臭气体反应的离子数量大大降低；

（3）使用寿命不长，性能降低后需要更换，运行成本较高；

（4）高能离子具有很强的氧化作用，可腐蚀设备，影响人体健康。高能离子净化系统在欧洲主要应用于医院、办公楼、公众大厅等，近些年逐步开发应用于污水处理厂和污水提升泵房的脱臭方面，在法国、英国、苏格兰、瑞典等国的应用实例很多。

3.8.3 小 结

各类除臭技术的优缺点及应用范围如表 3-6 所示。

表 3-6　各类除臭技术优缺点及应用对比

类别	优点	缺点	应用
化学除臭法	对 H_2S、NH_3 等的吸收比较彻底，速度快	对硫醇、挥发性脂肪酸或其他挥发性有机化合物的去除比较困难；安装和运行费用高；易造成二次污染	较少使用
燃烧除臭法	臭气去除充分	初期设备投资较大；运行成本高	适合于处理高浓度、高热值的废气，在城市污水除臭中应用较少
活性炭吸附法	对所有的污染物都能吸收	去除率较低；再生价格较昂贵、劳动强度大；再生后的活性炭吸附能力降低	应用于风量较小、臭气浓度较低、出气要求较高的废气处理，也经常作为其他除臭方法的后处理
天然植物提取液喷洒法	方便易行；安全无毒；无二次污染；投加量相对较小	对臭气去除率一般；运行成本较高；雾化提取液对人体有一定影响	应用也较少，一般只作为应急措施
生物除臭法	反应速度迅速，反应条件温和		在污水处理厂的应用实例也较多
高能离子法	对多种恶臭气体都有去除效果，设备简单，运行管理方便	反应时间短；高能离子的衰减速率较快，使用寿命不长；影响人体健康	近些年逐步开发应用于污水处理厂和污水提升泵房的脱臭方面，在国外的应用实例很多

3.9　消毒技术

3.9.1　液氯消毒

氯是目前国内外应用最普遍的消毒剂，氯消毒的一次性投资和运行费用均比较低，消毒效果也比较稳定，且余氯具有持续消毒作用。由于上述特点，氯气成为目前使用最多、应用最广泛的一种消毒剂。除消毒之外，氯也具有较强的氧化能力，能与水中氨、氨基酸、蛋白质、含碳物质、亚硝酸盐、铁、锰、硫化氢及氰化物等起氧化作用，因此也可利用氯的氧化作用来控制嗅味、除藻、除铁、除锰及去除色度等。

加氯消毒是指向污水中加入液氯，杀灭其中的病菌和病毒。氯在常温常压下是一种黄绿色的气体，为便于运输、贮存和投加，将氯气在常温下加压至 8~10 atm 可变成液态，即加氯消毒中采用的液氯。氯消毒作用，利用的不是氯气本身，而是氯与水发生反应生成的次氯酸，反应式如下：

$$Cl_2 + H_2O \qquad HClO + H^+ + Cl^- \qquad (3\text{-}1)$$

$$HClO \qquad ClO^- + H^+ \qquad (3\text{-}2)$$

次氯酸在水中的离解与氢离子浓度有密切的关系。当 pH 值小于 5 时，在水中主要以次氯酸的形式存在，当 pH 值大于 10 时，在水中以次氯酸根的形式存在。水中的 $HClO$、ClO^- 总量称为游离有效氯，这两者的比例非常重要，因为 $HClO$ 的消毒效率大约是 ClO^- 的 40~80 倍。

式中的次氯酸根离子 ClO^- 也具有氧化性，但由于其本身带有负电荷，不能靠近也带负电荷的细菌，所以基本上无消毒作用。当污水的 pH 值较高时，式（3-2）中的化学平衡会向右移动，水中 $HClO$ 浓度降低，消毒效果减弱。因此，pH 值是影响消毒效果的一个重要因素。pH 值越低，消毒效果越好。实际运行中，一般应控制 pH 值<7.4，以保证消毒效果，否则应该加酸使 pH 值降低。除 pH 值以外，温度对消毒效果影响也很大。温度越高，消毒效果越好；反之

越差，其主要原因是温度升高能促进 HClO 向细胞内的扩散。

当水中所含的氯以氯胺形式存在时，称为化合性氯，其消毒效果虽不及自由性氯（Cl_2、HClO 与 ClO^-），但其持续消毒效果优于自由性氯。

3.9.2　二氧化氯消毒

二氧化氯是国际上公认的广谱高效的氧化性杀菌剂，在城镇饮用水、工业循环水和污水处理中日益得到广泛应用。二氧化氯性质不稳定，只能采用二氧化氯发生器现场制备。用于水处理领域的小型化学法二氧化氯发生器主要有两种：以氯酸钠、盐酸为原料的复合型二氧化氯发生器和以亚氯酸钠、盐酸为原料的纯二氧化氯发生器，其中前者应用最为广泛。本节简单介绍了复合二氧化氯发生器的特点，阐述了该设备在饮用水、工业循环水、污水回用、游泳池水等水处理领域的应用效果及使用方法。

稳定的 ClO_2 是淡黄色或无色无刺激性透明水溶液，很少挥发，溶解度为 2.9 g/L，比氯气大 5 倍，不易燃，不易分解，性质稳定。二氧化氯的杀菌主要是吸附和渗透作用，大量 ClO_2 分子聚焦在细胞周围，通过封锁作用，抑制其呼吸系统，进而渗透到细胞内部，以其强氧化能力有效氧化菌类细胞赖以生存的含硫基的酶，从而快速抑制微生物蛋白质的合成来破坏微生物。

3.9.3　紫外线消毒

紫外线是一种波长范围为 136～390 nm 的不可见光线，在波长为 240～280 nm 时具有杀菌作用，尤以波长 253.7 nm 处杀菌能力最强。根据生物效应的不同，将紫外线按照波长划分为 4 个部分：A

波段（UV—A），又称为黑斑效应紫外线（400～320 nm）；B 波段（UV—B），又称为红斑效应紫外线（320～275 nm）；C 波段（UV—C），又称为灭菌紫外线（275～200 nm）；D 波段（UV—D），又称为真空紫外线（200～10 nm）。水消毒主要采用的是 C 波段紫外线。

紫外线消毒的原理是基于核酸对紫外线的吸收，核酸是一切生命体的基本物质和生命基础，核酸分为核糖核酸（RNA）和脱氧核糖核酸（DNA）两大类，这两种核酸对波长为 254 nm 左右的光波具有最大吸收作用。当病原微生物吸收波长在 200～280 nm 的紫外线能量后，DNA 和 RNA 的分子结构受到破坏，不再分裂繁殖，达到消毒杀菌的目的。

3.9.4　臭氧消毒

臭氧（O_3）是一种特殊刺激性气味的灰蓝色气体，它的溶解度比空气大 25 倍，0℃时纯臭氧的溶解度为 1 371 mg/L。它是一种强氧化剂，在消毒上属于过氧化物类消毒剂，具有广谱、高效杀菌作用，臭氧的杀菌速度比氯快 600～3 000 倍，氯的杀菌作用是渐进的，而 O_3 的作用是急速而杀菌，还可以去除水中的色、臭、味等有机物以及除铁、锰，助凝等功能。

臭氧是比氧气更强的氧化剂，且可以在较低温度下进行氧化。所以，臭氧的一切应用（消毒、灭菌、水净化、漂白、作氧化剂等）本质上都是利用其强氧化能力。由上可知，臭氧的强氧化性、常温作用性，特别是其反应后能还原为氧气，是其应用经久不衰、备受人类青睐的三大原因。

臭氧是一种强氧化剂，臭氧灭菌过程属生物化学氧化反应，臭氧灭菌有以下三种方式：

◆ 臭氧能氧化分解细菌内部氧化葡萄糖所必需的酶，使细菌灭活死亡；

◆ 直接与细菌、病毒作用，破坏它们的细胞壁和 DNA 和 RNA，细菌的新陈代谢受到破坏，导致死亡（病毒是由蛋白质包裹着一种核酸的大分子，病毒只含一种核酸）；

◆ 渗透胞膜组织，侵入细胞膜内作用于外膜的脂蛋白和内部的脂多糖，使细菌发生透性畸变，溶解死亡。

3.9.5　小　结

目前常用的几种消毒方法各有千秋，在工程实践中需要结合消毒要求、工程造价、运行成本、管理是否方便等因素综合考虑。

液氯消毒应用最普遍，具有持续消毒作用，操作简单，投量准确，容易适应流量的变化，成本较低，在长期使用过程中积累了丰富的运行经验，但氯化消毒能够产生三氯甲烷、卤代乙酸等消毒副产物；水中含酚时，会产生氯酚味；部分水生生物对水中总余氯含量比较敏感，某些物种能承受的最大余氯量为 0.002 mg/L（新鲜水）和 0.01 mg/L（盐水），脱氯作用能去除残留的游离态或者化合态氯，但不能有效地去除其他消毒副产物。总之，氯化消毒出水排放到地表水体后可能会对水生生态系统造成不利的影响。也有研究表明，氯化消毒后出水的生物毒性更强。

如果为防止微生物的再次繁殖，避免对后续输配和储存系统造成二次污染，需要保持一定的余氯量，这时最好选用氯或者二氧化氯消毒，但必须控制再生水利用现场的余氯量≤1 mg/L。

二氧化氯消毒效果好，有持续消毒作用，受 pH 值影响小，不与氨氮反应，可氧化水中有机物，还可降低水的 COD、嗅、味，产生的消毒副产物少，但二氧化氯本身是一种有毒的化合物，长时间接触含有二氧化氯的气溶胶可能会对肝、肾、中枢神经系统等造成损伤。

臭氧消毒杀菌效率高，甚至对抵抗力强的微生物如病毒和孢囊也有较强的杀菌效果；可以除臭、除色；能除酚，但无氯酚味；对pH 值、温度适应能力强；不生成三氯甲烷、卤代乙酸等副产物；但臭氧消毒能耗高，无持续消毒作用，当二级出水中含有大量溴化物时，能与臭氧反应生成溴酸盐，溴酸盐也是一种应严格限制的消毒副产物；另外，臭氧的腐蚀性较强，在极低的浓度下就能产生令人厌恶的臭味，并对人体健康有一定影响。

紫外线消毒需要的接触时间短，消毒效果好，不改变水的物理、化学性质，不会生成有机氯化物和氯酚味，与其他消毒方法相比，紫外线消毒的环境风险最低，但经消毒后的出水容易发生光致化学反应和微生物种群的变异，另外，长距离输水时管网中可能存在微生物再次繁殖的问题。

从消毒副产物生成的可能性以及出水排放到受纳水体时的潜在毒性来看，UV 对环境的潜在风险较小，其次为臭氧、二氧化氯、液氯。

各种消毒技术的原理不同，微生物对不同消毒剂的抵抗性和敏感性不同，对一种消毒剂具有抗药性的微生物可能很容易被其他消毒剂灭活，例如隐孢子虫、贾第鞭毛虫和军团菌属等抗氯微生物在低 UV 剂量下即可灭活，而腺病毒等抗 UV 微生物则对氯非常敏感，在必要的时候可以将不同消毒技术进行组合。

表 3-7 为污水再生利用中常用消毒方法的比较和评价。

表 3-7　污水处理中常用消毒方法的比较和评价

消毒方法 比较项目	液氯	二氧化氯	臭氧	UV
消毒机理	①氧化；②与有效氯作用；③蛋白质沉淀；④改变细胞壁的渗透能力；⑤水解和机械破裂	①酶系统的灭活；②破坏蛋白质的合成；③吸附和渗透作用	①直接氧化，破坏细胞壁使细胞组分泄出胞外；②与臭氧分解形成的自由基副产物作用；③破坏核酸组分（嘌呤和嘧啶）；④破坏碳氮键导致解聚	①以光化学作用破坏 RNA 和 DNA（如形成双键）；②微生物的核酸容易吸收波长 240~280 nm 的紫外光；③DNA 和 RNA 带有繁殖的遗传信息，破坏这些细胞质可以有效地灭活细胞
接触时间/min	≥30	≤30	5~10	0.5~1
投加量	2~20 mg/L	5~10 mg/L	1~3 mg/L	30~40 mJ/cm^2
对细菌的灭活效率	高	高	高	高
对病毒的灭活效率	中等偏下	中等	高	高
有无持续消毒作用	有	有	无	无
水质影响因素	受 pH 值、温度影响较大	受 pH 值影响小，受温度影响大	受 pH 值影响大，受温度影响小	不受影响
技术复杂程度	简单到中等	中等	复杂	简单到中等

消毒方法 比较项目		液氯	二氧化氯	臭氧	UV
运输过程中的安全隐患		有	有	无	无
现场的安全隐患		大	有	有	较小
对鱼类和大的无脊椎动物的危害		有	有	无	无
是否增加溶解性固体含量		是	是	否	否
是否与氨氮反应		是	否	影响小，高 pH 值时反应	否
消毒副产物		有	可能存在少量	有	无
腐蚀性		有	有	有	无
能耗		低	低	高	高
清洗产物		无	无	无	有
是否增加水体中 DO 含量		否	否	是	否
经济性	运行费用	中等偏下	中等	中等偏上	中等偏下
	投资（中、小规模）	中等	中等	高	中偏下
	投资（大、中规模）	中等偏下	中等偏下	高	中等偏上
	占地面积	大	较小	小	小
	维护工作量	大	较小	大	小

注：氯消毒和二氧化氯消毒需要较长的接触时间，臭氧消毒也要设置接触池，土建和征地费用高于 UV 消毒。